Bian Zhu
**Wu Pengcheng**

武鹏程 ◎ 编著

# SHI JIE HAI DAO

# 绝美
# 世界海岛

非凡
海洋
Fei Fan Hai
Yang

海洋出版社
北京

**图书在版编目(CIP)数据**

绝美世界海岛 / 武鹏程编著. —— 北京：海洋出版社，2025. 1. —— ISBN 978-7-5210-1331-3

Ⅰ. P931.2-49

中国国家版本馆CIP数据核字第2024J938Z1号

非凡海洋大系

绝美世界

海岛

JUEMEI SHIJIE
HAIDAO

| | |
|---|---|
| 总 策 划：刘 斌 | 总 编 室：(010) 62100034 |
| 责任编辑：刘 斌 | 网　　址：www.oceanpress.com.cn |
| 责任印制：安 淼 | 承　　印：保定市铭泰达印刷有限公司 |
| 排　　版：申 彪 | 版　　次：2025年1月第1版 |
| 出版发行：海洋出版社 | 　　　　　2025年1月第1次印刷 |
| 地　　址：北京市海淀区大慧寺路8号 | 开　　本：787mm×1092mm　1/16 |
| 　　　　　100081 | 印　　张：15 |
| 经　　销：新华书店 | 字　　数：240千字 |
| 发 行 部：(010) 62100090 | 定　　价：68.00元 |

本书如有印、装质量问题可与发行部调换

前　言

　　海岛在海洋中星罗棋布，有的孤悬于海上，远离俗世尘嚣，遗世而独立；有的是著名的旅游胜地，喧嚣而美丽；不同的海岛，有不同的风情。

　　那么，什么样的海岛是最美的呢？每个人心里都有不同的答案，哪怕是最资深的海岛玩家，也无法给出一个让所有人都满意的答案。

　　有人喜欢"一岛一景"的马尔代夫，也有人喜欢性价比高、交通方便的泰国海岛，还有人喜欢有"海岛之王"美誉的塔希提岛。椰树、碧海、蓝天、礁石、沙滩，这仿佛是一座海岛展现的全部内容，但事实上绝不止如此！

　　在大西洋，有"狂欢者的海岛"伊维萨岛、"隐藏在空中的小岛"斯凯岛、"维纳斯的家乡"米洛斯岛、"大西洋明珠"马德拉群岛和"爱琴海沿岸的童话世界"圣托里尼岛等。

　　在太平洋，有"人间天堂"圣灵群岛、"最接近天堂的地方"塔希提岛、"海上的乌托邦"巴拉望岛、"壮观的海狼风暴"西巴丹岛、"花园之岛"可爱岛和"世界顶级沉船潜水胜地"楚克岛等。

　　在印度洋，有"天堂的原乡"毛里求斯岛、"印度洋上遗落的宝石"拉穆岛、"地球上最像外星球的地方"索科特拉岛和"美丽浪漫的度假天堂"巴厘岛等。

　　极地的海岛同样有让人无法忽视的美，如罗弗敦群岛，在这里不仅能欣赏壮观的"罗弗敦之墙"、如同油画般色彩丰富的渔村，还有如昙花一现的美丽极光。

　　每一座海岛都是一首优美的诗歌，它们或热烈，或活泼，或清冷，或深沉，或激昂，让人欣喜、沉醉，忍不住想去拥抱、读懂它们。

# 目　录

## 大西洋篇

# 太平洋篇

## 印度洋篇

## 极地篇

大西洋篇

## 阳光钟爱的地方

# 赫瓦尔岛

赫瓦尔在希腊语中的意思是明亮的小屋，因为这里每年会接受长达300天的日照，被认为是克罗地亚阳光最充足的岛屿，对喜爱阳光的人来说，这里绝对是不可多得的度假胜地。

**[赫瓦尔岛美景]**
赫瓦尔岛被国际媒体评为"世界十大著名岛屿"之一和"世界十大世外桃源"之一。

**[薰衣草]**
赫瓦尔岛是地中海最大的天然薰衣草产地，所以又名"薰衣草岛"，每到夏季，紫色的薰衣草漫山遍野，香气袭人，迷醉全岛。

有欧洲"千岛之国"之称的克罗地亚有一座位于达尔马提亚海岸的离岛——赫瓦尔岛，意大利语称作莱西纳，古名"费拉斯岛"。

### 阳光灿烂

赫瓦尔岛是克罗地亚最珍贵的岛屿之一，每年拥有300天阳光明媚的时间，这里有时髦的酒店、高档餐厅和水边酒吧，经常有不同的名人表演；点缀着拥有不同历史人文风情的小镇；像是由五颜六色的颜料与湛蓝的海水构成的纯天然自然景观。

[ 威尼斯堡垒 ]

赫瓦尔岛的一座小山顶部有个威尼斯堡垒（建于 1551 年），在山顶上可将城内风光一览无遗。

[ 圣斯蒂芬广场 ]

这里原本是一个小海湾，经过填平后修建为圣斯蒂芬广场，在广场的一端是圣斯蒂芬教堂。

在赫瓦尔岛，最有趣的游玩方式是骑行，你可以租赁专供游客使用的摩托车，也可以借当地人的自行车，沿岛环行。放眼望去，不同层次的紫色、灰色和绿色覆盖在连绵起伏的山丘上，与亚得里亚海湛蓝的海水交织成一幅粗犷而充满野性的图画。

## 薰衣草飘香

赫瓦尔岛属于地中海气候，岛上盛产水果、蜂蜜、薰衣草、迷迭香和葡萄酒，其中最让赫瓦尔岛人骄傲的是漫天的薰衣草。

赫瓦尔岛的历史源于罗马时代，据说当时罗马人认为薰衣草的味道是灵魂之香，于是在岛上大量种植薰衣草，这种喜好一直延续到现在。如今，每年 5—7 月，在岛上的赫瓦尔镇和斯塔里格勒之间，总能看到成片的薰衣草，它的香味会唤醒人们的嗅觉，相较于法国普罗旺斯一望无际的薰衣草田，赫瓦尔岛的薰衣草展现的是完全不同的风情。

赫瓦尔岛是克罗地亚第四大岛，面积为 289 平方千米。

赫瓦尔岛是一座开放的岛屿，乘坐游轮到此不用签证。

赫瓦尔岛的常住人口有 1.1 万多人，有 20 多个居民点，主要城镇有赫瓦尔、斯塔里格勒和耶勒萨。

[ 杜波维卡海滩独特的蓝 ]

在赫瓦尔岛常会和名人擦肩而过。这里的美吸引了来自世界各地的名人，包括英国哈里王子、意大利著名时装设计师乔治·阿玛尼、美国天后级歌手碧昂丝及家人、乔治·克鲁尼、布拉德·皮特……他们在这里尽情狂欢。

[ 这里也有"玛尼堆" ]

在山坡上的石墙上有很多如同西藏"玛尼堆"一样的堆砌，这或许是表达一种虔诚。

在西藏各地的山间、路口、湖边、江畔，几乎都可以看到一座座以石块和石板垒成的祭坛——玛尼堆，这些石块和石板上大都刻有六字真言、慧眼、神像造像、各种吉祥图案。不过在赫瓦尔岛上的"玛尼堆"上没有刻任何图案。

赫瓦尔岛人会用薰衣草做成各种用品以及纪念品，供游客选购，薰衣草已成了岛上居民的主要收入来源。

## 风情万种的杜波维卡海滩

赫瓦尔岛长 69 千米，是克罗地亚最长的岛屿，整个海岸线上分布着许多海滩，有享受天体浴的石滩，也有宁静自然的海滩。在众多海滩中，最值得推荐的是位于赫瓦尔岛南部的杜波维卡海滩。

杜波维卡海滩离风景如画的赫瓦尔镇很近，拥有非常清澈的海水、似乎不会消散的阳光、诱人的糖色沙子，游客可以浮游在水面，或像鱼儿一样徜徉海底；或躺在沙滩上享受阳光；

[斯塔里格勒镇的中世纪街道]

[赫瓦尔岛剧院]

这里原本是一座兵工厂，后来被改成剧院，供人们休闲之用。

或坐在海边的酒吧一边品尝美酒，一边静静地欣赏美丽的海洋。

当地居民依然生活在有几百年历史的石制建筑中，这些建筑老旧却不破败，独立僻静，如今这些老屋很多成了网红餐厅、精品民宿和礼品店等。

### 感受文艺复兴时期的克罗地亚

欣赏完漫山遍野的薰衣草和湛蓝如画的杜波维卡海滩之后，可以去赫瓦尔岛上的古镇逛一逛，慢慢感受、品尝小镇的古老味道。自新石器时代初期以来，赫瓦尔岛便一直有人居住，现存的古镇仍被城墙圈住。岛上的古镇主要有赫瓦尔镇和斯塔里格勒。

赫瓦尔镇是赫瓦尔岛的首府，小镇的街道是大理石铺成的，处处林立着哥特式的宫殿，有斯特杰潘大教堂和圣斯蒂芬广场这样的文艺复兴时期的建筑。

斯塔里格勒是一个迷人的、还保留有中世纪街道的小镇，据说其历史可以一直追溯到公元前 385 年，当时它是希腊的殖民地，所以这里很多地方有希腊建筑的风格，它们被灰色的石头防御工事包围，如多米尼加修道院、圣尼古拉教堂和古老的大型城堡。

[赫瓦尔岛上废弃的小教堂]

# 被封藏的美景

# 维斯岛 >>>

电影《妈妈咪呀 2：再次出发》的上映，把维斯岛展现在人们眼前，岛上的地中海风情让人印象深刻，让人们惊叹："这是克罗地亚最漂亮的小岛！"

[ 维斯岛美景 ]

[ 维斯小镇酒店的个性招牌 ]
这是一个把啤酒桶镶嵌在石壁上的酒吧招牌。

克罗地亚在亚得里亚海上散落着 1185 座小岛，维斯岛是距离克罗地亚大陆较远的岛屿之一，曾经被作为军事基地使用，禁止普通人登岛，因而充满了神秘的气氛。

维斯岛是克罗地亚沿海一座比较贫瘠的岛屿，但是岛民们的日子过得悠闲惬意。岛上居住了 4000 多人，以老人和小孩居多，放眼看去，除了蔚蓝的大海，就是满眼的绿色。旅行作家詹姆斯·霍普金在他的作品中

[斯塔尼瓦海湾实景]

[宫崎骏动画片《红猪》中的维斯岛场景]

描述："整座维斯岛犹如一个丰富的天然动植物园。"在绿植间隐藏着用淡褐色的石头建造的房子，与以白色为主的古希腊时代建筑遗址的风格截然不同，有一种深沉而实在的生活气息，这是自然与淳朴的完美结合。

维斯岛的东面有英国人在拿破仑时期修建的要塞，当时的英国海军将领纳尔逊在此地作战。此处地形险要，风景极美，而且游客不多，是一个拍照的绝佳去处。

### 《妈妈咪呀！》"最美"取景地

2008 年，歌舞剧电影《妈妈咪呀！》在美国上映，剧中主角依然唱着 ABBA 的瑞典流行乐，穿着 20 世纪 70 年代的独特服装，生活在一座唯美的希腊爱琴海小岛上，该电影受到一致好评。10 年之后的 2018 年，《妈妈咪呀 2：再次出发》上映，导演这次用克罗地亚的维斯岛替换了希腊爱琴海的小岛，虽然用亚得里亚海"冒充"了爱琴海，但这里的蔚蓝大海一点也不输给爱琴海的颜值。

[《妈妈咪呀！》剧照]

[ 斯塔尼瓦海滩 ]

除了蔚蓝的大海之外，《妈妈咪呀 2：再次出发》选择在维斯岛拍摄，还因为这里拥有克罗地亚最有价值的古希腊时代建筑遗址和原汁原味的地中海风情。

> 维斯岛上的人很少，东亚人更少，一旦有东亚人登岛，就会变成移动的景点。

> 克罗地亚是烟民的天堂，餐厅里、大街上，到处都是吸烟的人。

### 动画片《红猪》的取景地

维斯岛上的斯塔尼瓦海滩，有蓝天、碧海、绿树、白沙，是欧洲人眼中最美的海滩，它不仅打动了欧洲人，还打动了日本著名的动画大师宫崎骏，他把维斯岛的"海滩、沙滩和蓝洞"融入了动画片《红猪》的场景中。

### 神秘的军事防卫基地

在维斯岛的西南角有星罗棋布的军事防卫设施遗迹，沿海岸每隔几百米就会有暗堡、掩体、海岸炮、重

[ 要塞中对准海洋的大炮 ]

[ 刻有第二次世界大战时的标语的大理石 ]

维斯岛上刻有第二次世界大战时的标语"人民、铁托、党，战无不胜！"字样的大理石。

机枪阵地、步兵阵地，在阵地的后方还有一个汽车可以通过的通道，通道的尽头有一个厚达 1 米的钢筋混凝土掩体和一扇大铁门，大铁门内即是异常坚固的地下指挥所，可以防止飞机轰炸、核武器以及生化武器的袭击。如此系统的军事遗迹，凸显了这座岛当年的重要军事地位。

除了这些军事遗迹之外，岛上还有大量的战争废墟和遗骸等，有兴趣的朋友可以亲临探秘。

[ 维斯岛蓝洞 ]

在斯塔尼瓦海湾不远处还有个蓝洞，通过非常小的洞口进入蓝洞，内部没有阳光，只有洞穴底部海水折射的幽蓝光线，把整个洞穴都染成了蓝色，漂亮极了！

### 穿越古今的历史小镇

在维斯小镇里可以享受悠闲的生活，看渔民们来来往往，期待他们捕获的新鲜美味的海货；还可以在海畔大道看海景，让那富有层次的蓝色大海，考验自己的描述能力；也可以端杯咖啡在观景台上晒太阳，享受难得的悠闲时光。

维斯岛的美无法言尽，如果可以，真想和歌舞剧电影《妈妈咪呀 2：再次出发》中的梅姨一样，在这座韵味十足的小岛上开一间美丽的民宿，面朝大海，春暖花开。

[ 维斯岛美景 ]

# 世界上第一座靠裸体海滩出名的海岛

# 拉布岛 >>>

裸体海滩并不罕见，但拉布岛却是世界上第一座靠此出名的海岛，而这段历史源自英国的爱德华八世。

[拉布岛美景]

[温莎公爵与辛普森夫人]

英国国王爱德华八世（1936年1月20日至1936年12月11日在位）是英国所有君主中在位最短的一位。

爱德华八世成为国王后，想迎娶已两度结婚、还有丈夫的恩尼斯特·辛普森夫人，这引发了英国的宪政危机，政府、人民和教会均反对他迎娶辛普森夫人。爱德华八世因此决定选择退位，成为英国和英联邦历史上唯一自愿退位的国王。退位后，他得到温莎公爵的名衔。后世在提及"不爱江山爱美人"这句话时，往往会联想到温莎公爵的爱情故事。

拉布岛是克罗地亚在亚得里亚海的一座岛屿，是达尔马提亚最北的部分。整座海岛并不大，由于其独特的喀斯特地貌，使每一个狭小的海湾都有绝佳的私密性，这或许就是它成为世界上第一座靠裸体海滩出名的海岛的原因。

## 爱德华八世与拉布岛

拉布岛的民风淳朴保守，怎么也无法让人联想到裸体海滩，而且拥有世界上第一个裸体海滩，其原因源于英国国王爱德华八世。1936

[鸟瞰拉布岛美景]

年1月爱德华八世继承王位，同年就带着自己的情妇辛普森夫人来到拉布岛度假，他们都是裸体主义者。

爱德华八世找到了当地政府，获得了特别许可，可以在拉布岛一处海滩上裸体行动。

从这以后，拉布岛成为全球第一座拥有正式被指定的裸体海滩的海岛，也成为裸体主义者的度假胜地。

[拉布岛裸体海滩指示牌]

### 有历史的小岛

拉布岛不仅有私密海滩，还是一座有历史的小岛，中世纪时，它被达尔马提亚共和国统治，后又被威尼斯夺走，几经易主，在这里形成了独特的历史古迹。

拉布岛的首府是拉布镇，其筑于海岸陡峻的岬角上，以坚固的城墙围着。在拉布镇内有一座罗马式建筑的代表作——钟楼，立于一座13世纪建造的罗马风格的大教堂内，它与另外3座钟楼一字排开，坐落在山脊之上，俯瞰拉布镇旧城。除了钟楼之外，当地还有几座威尼斯贵族所建的历史上有名的宅邸，这些建筑都记载了拉布岛的历史变迁。

拉布岛上还有几个小村落，居民们以渔业、农业、旅游业及成衣业为生，以所产水果和葡萄酒而闻名。

拉布岛是裸体海滩的诞生地，这片海滩还被美国有线电视新闻网（CNN）评为"全球十大裸体海滩"之一。

[拉布岛上一字排开的4座钟楼]

# 人间若有天堂，就在这里

# 布拉奇岛

布拉奇岛的每个地方都有独一无二的美，没有哪里能被代替，能让人充分享受美丽和宁静。

布拉奇岛出产无花果、橄榄、巴旦杏和酿酒葡萄。

布拉奇岛上淡水不足，到了夏季就需从大陆运入。

布拉奇岛降雨量少，水底能见度高，是个潜水胜地。

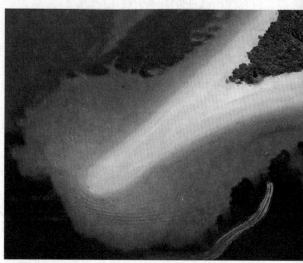

[ 航拍尖角海滩 ]

布拉奇岛位于亚得里亚海，属于克罗地亚，其北距斯普利特 15 千米，是这片海域中的第三大岛，为达尔马提亚地区第一大岛，是一座独特的心形岛屿，因尖角海滩而闻名。

### 闻名遐迩的尖角海滩

布拉奇岛上最负盛名的景点就是位于波尔附近的尖角海滩。这里除了有碧海、蓝天、

[ 尖角海滩 ]

尖角海滩很独特，整个海滩呈三角形，它是一处由于潮汐和风向而形成的以白色鹅卵石为主的海滩。

斯普利特是克罗地亚的历史名城，也是克罗地亚第二大城市。

[ 布达佩斯的国会大厦 ]

黄沙、白浪之外，还拥有世界"最多变海滩"之名，因为海滩的一端有一个长达 530 米、延伸至海洋中的尖角，它会随着风向的改变而改变，经年累月地经受着海浪的侵蚀后，消失在温暖清澈的亚得里亚海，成为一处美丽的风景。

布拉奇岛有 100 多种岩石，供游客在登山时享受不同强度的体验。攀登者可以欣赏到不同景观，如连绵起伏的丘陵、绿色的山谷、波光粼粼的海面等。

## 白色大理石

布拉奇岛上除了海滩外，还有一样被全世界贵族看

[ 戴克里先宫 ]

[ 华盛顿的白宫 ]

戴克里先是罗马历史上首位自主退位的皇帝，这座宫殿建于公元 305 年，是他为自己退位后在此隐居而建。

**[冬宫]**

冬宫建在高耸的悬崖脚下,曾经是一座著名的寺院和天文台,如今是布拉奇岛上最迷人的游览胜地之一。

重的"宝贝",那就是白色大理石。自罗马时代以来,布拉奇岛的白色大理石就被运往欧洲各国建造宫殿,如斯普利特的戴克里先宫、布达佩斯的国会大厦和华盛顿的白宫等。

为了让白色大理石更加精致,早在 2000 多年前,布拉奇岛上就建有石匠学校,培养专门打磨、切割、雕琢白色大理石的匠人。

## 感受海岛生活

布拉奇岛的东西长 40 千米,宽 7 ~ 14 千米,面积为 396 平方千米,除了尖角海滩外,还有龙窟、维多娃山和冬宫等景点。

**[石头房]**

布拉奇岛上每一个小村庄都有古老的教堂,村庄内的建筑物和房子大部分都是有几百年历史的石头房子。

布拉奇岛上还零散分布着很多小村庄和小镇,岛上的居民非常淳朴友好,漫步于村落中,可以感受当地的文化,还可以品尝当地的美食,如顶级橄榄油、羊肉和羊奶酪等。

# 狂欢者的海岛

# 伊维萨岛 :::>

这里不仅弥漫着地中海那种难以言说的风情，还拥有嬉皮士和艺术家们喜爱的情趣，是一座属于狂欢者的海岛。

★ ━━━━━━━━ ★

[伊维萨岛海景]

伊维萨岛是西班牙巴利阿里群岛中的一座岛屿，位于伊比利亚半岛、法国南部和北非之间，面积为572平方千米，岛长58千米，最宽处27千米。其历史悠久，自公元前10世纪左右，就以衔接伊比利亚半岛和非洲大陆而闻名，有"地中海珍珠"之称。

## 色彩天堂

若从高处眺望伊维萨岛，首先入眼的是石灰岩质的弯曲海岸线和由

[伊维萨岛上的网红酒店]

伊维萨岛上打卡人数最多的地方就是"火烈鸟酒店"。

**[伊维萨岛]**

伊维萨岛上的萨利内斯海滩是世界上最有名的天体海滩,大家在这里追求的是与大自然的融入,所以有很多年轻男女来这里进行裸体日光浴,如果喜欢古铜色肌肤,可以带上美黑霜,来一场天然的日光浴。注意: 这里是不许拍照的。

**[肖邦]**

肖邦是世界历史上最具影响力和最受欢迎的钢琴作曲家之一,是波兰音乐史上最重要的人物之一,也是欧洲 19 世纪浪漫主义音乐的代表人物。他的作品以波兰民间歌舞为基础,同时又深受巴赫影响,多以钢琴曲为主,被誉为"浪漫主义钢琴诗人"。

驰放音乐又被称为"沙发音乐",是一种夜店里供人消遣的音乐,如今已经演变成一种电子音乐的风格,是一些曲风的统称,它包括一些轻快、缓慢、令人放松的电子音乐和一些结合了电子音乐的爵士乐。

浅蓝、蔚蓝至深蓝渐变的透明海水;在湛蓝的海水之上是犹如轻纱的云朵,在碧绿海水的一侧是一排排低矮的房屋,它们有褐色屋顶和粉白色屋墙,就像是细腻香甜的巧克力,共同构成一幅简洁明快、如同童话场景般的色彩画。如此美景怎能不令人心动?

伊维萨岛的海岸线上分布着 57 个海滩,其中天体海滩和浴场有 5 个,即塔拉曼卡海滩、菲戈莱特斯海滩、博萨海滩、卡瓦莱特海滩和萨利内斯海滩,而伊维萨岛上最著名的天体海滩则当属辽阔的萨利内斯海滩,它是西班牙的第一天体海滨浴场,以活跃着众多美丽女郎而闻名于世。

## 音乐天堂

伊维萨岛仿佛永远都笼罩着神秘的面纱,散发着无穷的诱惑力。著名钢琴家、作曲家肖邦的故居就在这里,仿佛从这位大音乐家开始,伊维萨岛就与音乐结下了不解之缘。20 世纪70 年代,这里是嬉皮士和艺术家们的乐园,并且一直是艺术家的隐居之地。

1994 年,一种清新舒适的电子音乐出现在

[ 伊维萨岛古城遗迹 ]

[ 伊维萨岛古城上的火炮 ]

了伊维萨岛上，它不是独立创造的音乐形式，而是将不同音乐元素调和在一起，形成全新的音乐类型，这就是著名的驰放音乐。深厚的音乐底蕴，让伊维萨岛上随处可见大型的音乐俱乐部，与性感、热舞和电音派对紧密联系在一起。

伊维萨岛上有几百个为电音而生的深夜音乐厅，从夏季起，每天 24 小时不间断地播放炸裂狂暴的音乐！

### 遗迹天堂

伊维萨岛除了有性感狂野的一面外，也有质朴的一面，它不仅是个派对王国，也是一座有历史的古城。

早在公元前 6 世纪，伊维萨岛就有腓尼基人和迦太基人居住，也是迦太基人统治地中海的战略基地，现在城中还保存着大量的历史古迹。

在腓尼基—迦太基时期，伊维萨岛因地理位置原因，对地中海经济的发展起到了非常重要的作用，由于此段文明的记载缺失，人们难以窥探更详细的内容，但是伊维萨岛上迦太基时期的萨卡莱塔与周边的废墟，成为研究迦太基文化的重要历史

[ 腓尼基—迦太基时期的萨卡莱塔 ]

迦太基是腓尼基人在北非建立的殖民地城邦，后来独立发展，成为西地中海沿岸的一个强国，一度占领了北非沿岸和西班牙大部，与罗马共和国争夺地中海霸权，在三次布匿战争中均被罗马共和国打败，迦太基城被毁。

伊维萨岛有个开始于 20 世纪 70 年代的市场，出售各种珠宝、银器、服饰、皮具、陶艺等，还有充满了吉卜赛风格的旅游纪念品。

**[世界上最好的盐之一]**

伊维萨岛是历史上著名的制盐区，由于周边无污染的环境，让此处的盐味道清澈，充满了海风的味道，伊维萨岛本地的"盐之花"也被称作"白色黄金"，是世界上最好的盐之一。

**[这个星球最佳日落观赏点]**

世界上最著名的咖啡馆既不是遍布全世界的星巴克，也不是充满小资情调的左岸咖啡，而是伊维萨岛上被称为"这个星球最佳日落观赏点"的咖啡馆。

遗迹。

伊维萨岛上的高城是防御卫城的经典之作，在迦太基时期是重要的军事要塞，具有典型的意大利—西班牙风格。从最早的迦太基时代、阿拉伯人占领时期、加泰罗尼亚时期直到文艺复兴时期，岛上留下了大量的历史遗迹。

伊维萨岛山上的城堡和山脚下挂着亮丽招牌的现代商铺俯仰相望，古老和时尚相结合。在伊维萨岛，人们从来不会觉得寂寞，永远沸腾的咖啡把香气传遍大街小巷，露天音乐会在夜幕降临后成为人们的狂欢聚集地。

> 西班牙画家及作家圣地亚哥·鲁西诺（1861—1931年）对这里的描述："跟随我来这个宁静之岛，那里男人从不匆忙、女人永不衰老；那里的美景再怎样形容也不过分；那里终日阳光灿烂，就连月亮也是缓缓升起，迟迟移动。"

# 实至名归的天堂岛

# 米克诺斯岛

> 爱琴海处处充满着传奇与神秘，米克诺斯岛就是一座有着传奇色彩的岛屿，以天堂海滩和风车而闻名于世。

在希腊神话中，米克诺斯岛是由被大力神赫拉克勒斯杀死的泰坦巨人克洛诺斯破碎的身体变成的。米克诺斯岛位于地中海沿岸，距离雅典东南方约200千米，面积为86平方千米，全岛主要由花岗岩构成，海拔364米，是基克拉泽斯群岛中的岛屿之一，其四面环海，风景宜人，被西方游客称为"最接近天堂的小岛""爱琴海上的白宝石""爱琴海上璀璨的明珠"。

## 米克诺斯镇

考古学家发现，大约在公元前11世纪，古希腊人已经在米克诺斯岛上生活，而岛上有人类居住的历史甚至可以追溯到公元前3000年的新石器时代。

米克诺斯岛上的小镇叫米克诺斯镇，小镇中有各种中世纪的建筑和防御工事，街道十分狭窄，蜿蜒曲折，村庄错综复杂，如同诸葛亮的八阵图

### 米克诺斯岛传说

在古老的希腊神话中，米克诺斯岛是宙斯和泰坦神族发生战斗的地方。

克洛诺斯是天神乌拉诺斯和大地女神盖亚所生的最小的儿子，是泰坦十二神中最年轻的一个，后来推翻了他父亲乌拉诺斯，成为第二个统治全宇宙的天神。克洛诺斯担心他的孩子也会和他一样弑父，抢夺天神之位，于是，子女一出生，就被克洛诺斯吞进肚里，只有宙斯幸免。

宙斯成年以后，逼迫父亲克洛诺斯吐出了被吞进肚子的兄弟姐妹，成了奥林匹斯神族的首领，并率领兄弟姐妹与以克洛诺斯为首的泰坦神族作战，这就是有名的"泰坦之战"，双方厮杀整整10年而未分胜负，直到宙斯释放被关押的独目神和百臂神。

在独目神和百臂神的帮助下，奥林匹斯神族取得了最终的胜利，克洛诺斯被宙斯的儿子大力神赫拉克勒斯斩杀，其骸骨落在爱琴海中，形成了米克诺斯岛。

**[赫拉克勒斯]**

赫拉克勒斯是宙斯的儿子，天生力大无穷。是古希腊神话中最伟大的英雄。

[ 阴天的米克诺斯岛 ]

[ 克洛诺斯 ]

克洛诺斯是希腊神话中天神乌拉诺斯和大地女神盖亚的儿子，曾夺取了天神乌拉诺斯的权力，后来又被以他儿子宙斯为首的奥林匹斯神族取代。

[ 米克诺斯岛迷宫般的小路 ]

爱琴海的海岸线非常曲折，港湾众多，共有大小约 2500 座岛屿。爱琴海中的大部分岛屿属于西岸的希腊，一小部分属于东岸的土耳其。

一般，即便是手拿地图，也常常会迷失方向。这里的房子大多是蓝白色的，有着红、黄、蓝、绿等色调的门窗、阳台，与洁白的墙壁形成鲜明的对比，别有一番风味。小镇中据说还散布着 365 座家族式的小教堂，让人感受到浓郁的希腊宗教气息和民俗文化。

窄巷、小白屋、多彩的门窗、小教堂便是米克诺斯岛的代名词。

## 小威尼斯

在米克诺斯镇的尽头有几排建在海岸边岩石上的小房子，涨潮时，海水几乎浸没了房子的基石。这些朝着大海而建的房子建于 16—17 世纪，当时

[ 帕拉波尔提亚尼教堂 ]

帕拉波尔提亚尼教堂由 5 座独立的礼拜堂组合而成，最高的一座建于 1425 年，其他的都是在 16—17 世纪兴建的，如今是米克诺斯岛的标志，为拜占庭风格，是纯白色教堂，它是米克诺斯岛上 365 座教堂中最负盛名的一座，人们亲切地称它为棉花糖教堂或冰激凌教堂，因为其外表像一团棉花或一个融化的冰激凌。

这片海域海盗活动猖獗，人们为了让船只能快速靠岸装卸货物，建造了这片海边建筑，因其类似威尼斯水城的建筑而被称为"小威尼斯"，如今，这些靠海的房子大多成了餐厅或咖啡馆，是米克诺斯岛上最美丽的角落。

### 有 500 多年历史的风车

米克诺斯岛的半山腰矗立着 5 座有 500 多年历史的基克拉泽式风车。这些风车建于 16 世纪，屋顶用茅草覆盖，用来碾碎谷物。随着时代的发展，它们早已失去了实用价值，已停止使用，现在成为独具米克诺斯风情的地标，是摄影爱好者的最爱。不管是午后斜阳照出的美丽光影，还是日落后随风车升起的暖黄灯光，都是令人陶醉的绝佳摄影题材。在这里还可以俯瞰岛上的美景，将爱琴海上的海鸥以及岛上独具特色的白屋尽收眼底。

["小威尼斯"]

"小威尼斯"除了有欣赏米克诺斯岛绝美夕阳美景的地理优势之外，还可以随性点上一杯"小威尼斯"特调的鸡尾酒，就着海鲜料理，在夜幕中欣赏水天一色及沿岸灯火通明的璀璨美景。

[5 座基克拉泽式风车]

### 天堂海滩

[天堂海滩]

天堂海滩被称为"世界十大海滩"之一，这里各种海边设施俱全，露天酒吧、开放式餐厅、露营地、寄物柜、租车行、淋浴房、更衣室以及往返天堂海滩的公交车应有尽有，俨然一个小型度假中心。每到夏天，这里的游客数量就会激增。它是米克诺斯岛最受欢迎的海滩，也是世界知名的天体海滩，如今因为游客众多，这里已经没有那么多裸体日光浴者，他们去了另外一个相隔不远的私密海滩——超级天堂海滩，无拘无束地享受着"天体浴"。这里不能拍照，否则很容易被揍。

### 鹈鹕佩德罗

当在海边餐厅或咖啡店享受美食时，如果运气好，几只大鸟会悠闲地溜达到你的餐桌旁，很优雅地叼起你的食品，可爱而放肆地摇摇头而去，它们就是当地的吉祥物鹈鹕。

相传，1954 年，米克诺斯岛经历了一

很多人说在米克诺斯岛睡觉实在是一种浪费，因为它的活力是无穷的，就像奔流不息的血液，这里的夜晚永不歇息。

[探索"安娜二世"号沉船]

在米克诺斯岛可在专业潜水机构教练陪同下进行潜水活动，即使没有潜水经验也不用担心。在米克诺斯岛的东南方水下 25 米处有一艘"安娜二世"号沉船，该船是一艘 62 米长的货船，已经完全和海洋融为一体，成了珊瑚和各种鱼类的大本营，适合潜入内部探索。

[米克诺斯岛美景]

场大风暴，很多地方都成了废墟，这时飞来了一只鹈鹕在岛上安家，陪伴岛民重建家园，岛民为它取名佩德罗，从此鹈鹕成了米克诺斯岛的吉祥物。佩德罗早已老死，岛民对它怀念不已，于是佩德罗的孩子就被称为佩德罗二世、佩德罗三世……传奇一直延续了下来。

米克诺斯岛每年最佳的游玩时间是4—10月，期间不仅可以领略独具风情的海岛风光，感受浪花飞舞，还可以漫步葱郁山林中，倾听鸟语花香，静静地感受大自然的美丽。

[鹈鹕佩德罗]
如今鹈鹕们常在镇上漫步，或干脆堵在餐馆门口，由好心人喂饱之后才心安理得地离去。

# 文明摇篮，度假胜地
# 克里特岛

"有一块地方叫克里特，位于深红葡萄酒色的海中，一片美丽、富庶的土地，四面环水……"这是《荷马史诗》中的诗句。如今它仍是希腊一座人口稠密的大岛，吸引着世界各地的游客前来游玩。

克里特岛位于地中海东部的中间，是希腊的第一大岛，自古以来就是一个人口众多的富庶之地，是古代爱琴海文明和诸多希腊神话的发源地，过去是欧洲文明的摇篮，现在则是美不胜收的度假胜地。

克里特岛是地中海文明的发祥地之一，曾在此发掘出公元前 10000—前 3300 年的新石器时代遗迹，使古希腊文明史向前推进了近 1000 年。

### 伊拉克利翁

从雅典坐飞机去往克里特岛，可降落在岛上最大的城市伊拉克利翁（希腊第五大城市），这里是克里特岛的首府，也是重要的海运港口和渡口。在这里可乘渡船前往锡拉岛、罗德岛、埃及、海法和希腊大陆。

[ 克诺索斯王宫废墟 ]

伊拉克利翁于 824 年由撒拉逊人建立，之后一直战火不断，统治权交替不断，直到 1913 年才成为希腊王国的成员。

伊拉克利翁城内有著名的伊拉克利翁考古博物馆、克里特岛历史博物馆、库勒斯古堡、克诺索斯王宫、"迷宫"乐器博物馆等景点，其中克诺索斯王宫无疑是克里特岛上最受欢迎的景点。

[ 伊拉克利翁的街道 ]

## 古文明城市遗迹——克诺索斯王宫

克里特岛在公元前 2600—前 1125 年出现了一个叫米诺斯的君主，从而揭开了灿烂辉煌的克里特文明的序幕。

传说中，米诺斯是宙斯与欧罗巴之子，是克里特之王，他以强大的海军称霸爱琴海，并在如今的伊拉克利翁距海 4 千米的地方，建立了一座面积达 270 万平方米的宏伟宫殿——克诺索斯王宫，有大小宫室 1500 多间，1400 多平方米的长方形中央庭院把东宫和西宫连结成一个整体，是当时最气派、最奢华的建筑。在克里特岛上

撒拉逊人原是指从今天的叙利亚到沙特阿拉伯之间的沙漠牧民，广义上则指中古时代所有的阿拉伯人。

[ 克诺索斯王宫废墟 ]

[ 雅典王子忒修斯刺杀米诺陶斯 ]

总共有 4 座米诺斯王宫，而克诺索斯王宫是其中最大的一座，由巨大的宫室、花园和浴室等部分组成。

相传在克诺索斯王宫有个地下迷宫，关着米诺斯的妻子帕西法厄和克里特公牛私通后生下的怪物米诺陶斯，其后来被雅典王子忒修斯杀死。如今，在克诺索斯王宫遗迹中发现了与神话传说中相似的宫殿遗址和大量的珍贵文物，如 3000 多年前的壁画、彩绘木柱、陶器等文物，还有大量关于牛的题材，如壁画《调牛图》、壮牛形象的雕塑、牛角形状的装饰，或许这些与米诺陶斯及迷宫的传说有关。

大约在公元前 15 世纪，克里特岛被来自希腊本土的迈锡尼人征服，克里特文明悄然退出历史舞台。之后，这里相继被罗马人、拜占庭人、阿拉伯人、威尼斯人和奥斯曼人入侵，直到 1913 年归于希腊。

[ 米诺陶斯石雕牛头 ]

牛头是米诺陶斯石雕中的杰作，在克诺索斯王宫的小宫殿中被发现，牛头一般用于宗教仪式上，作为奠酒祭神的器皿。现藏于伊拉克利翁考古博物馆。

## 库勒斯堡垒

库勒斯堡垒坐落在伊拉克利翁港口防波堤大道的入口处，是威尼斯人在公元 1523—1540 年修建的海上防御工事，当时为了抵抗奥斯曼帝国的进犯，后来奥斯曼帝国成功占领克里特岛，库勒斯堡垒成为奥斯曼

[ 米诺女蛇神像 ]

米诺女蛇神像是伊拉克利翁考古博物馆内的藏品，这些"米诺女蛇神像"手里拿着蛇，她们的穿着为研究米诺时期妇女的穿着提供了线索。

[ 库勒斯堡垒 ]

帝国关押克里特岛反抗者的监狱。此后，库勒斯堡垒虽然经常遭到战火的洗礼，很多建筑上还有战争的痕迹，但是却一直保存完好。

库勒斯堡垒周围景色秀丽，周围海边的礁石上常有海钓的人，这里的海岸和日落也很美，每到傍晚，有很多当地人来这边散步和弹琴。

### 伊拉克利翁考古博物馆

克里特岛作为克里特文明和迈锡尼文明的发源地，这里遗迹众多，有很多博物馆，其中的伊拉克利翁考古博物馆被誉为欧洲最重要的博物馆之一。

伊拉克利翁考古博物馆坐落在伊拉克利翁市中心，这里在威尼斯统治时期一直是圣方济各天主教修道院，曾经是克里特岛最富有、最重要的修道院之一，可惜在 1856 年毁于地震，直到 20 世纪初修建成伊拉克利翁考古博物馆。

伊拉克利翁考古博物馆是克里特文明的大宝库，收藏了克里特岛上各地出土的米诺斯王宫遗址、城镇出土的文物，包括陶土器皿、金饰、青铜器具以及精彩的壁画等，藏量丰富可观。

### 众神的出生地——迪克特山

"宙斯，众神与人类之父，统治着奥林匹斯山，却出生于克里特岛的迪克特山。"

在克里特岛的迪克特山上有一个由钟乳石与石笋构成的巨大岩洞，岩洞内有祭祀遗迹，传说这个岩洞是宙斯的出生之地，藏着整个欧洲最古老的秘密。

传说，克洛诺斯的妻子瑞亚害怕生下的孩子再次被丈夫吞食，于是躲到了克里特岛的一个岩洞中悄悄地生下了宙斯。在瑞亚分娩的时候，为了不惊动克洛诺斯，迪克特山的山神在岩洞外面一边跳舞

库勒斯堡垒外壁刻有圣马可飞狮的图标，这是威尼斯人统治时期的标志。

**[ 未被译解的黏土圆盘 ]**

伊拉克利翁考古博物馆独一无二的展品——费斯托圆盘，是一件刻有象形文字与表意文字的黏土圆盘。圆盘上的题字以螺旋形式由边缘往中间延伸。这些文字尚未被译解。

**[ 宙斯 ]**

宙斯是泰坦神族第二代天神克洛诺斯之子。是古希腊神话中的众神之王，奥林匹斯十二主神之首的众神之神，统治世间万物至高无上的主神。古希腊人崇拜宙斯，因此在神话里将宙斯说成是自己的祖先，奥林匹斯的许多神祇和希腊英雄都是他和不同女子生下的子女。他以雷电为武器，维持天地间的秩序，公牛和鹰是他的标志。他的两个哥哥波塞冬和哈迪斯分别掌管海洋和冥界。

[女神瑞亚]

瑞亚是大地女神盖亚与天空之神乌拉诺斯所生的女儿，是第二代天神克洛诺斯的妻子，原为十二泰坦神灵之一，与其母一样是地母神。瑞亚是除她的大女儿赫斯提亚之外，奥林匹斯山上最神圣、最古老的神灵之一。据赫西俄德的《神谱》记述，瑞亚与克洛诺斯生有赫斯提亚、德墨忒尔、赫拉和哈迪斯、波塞冬、宙斯三女三男6个孩子。

[干尼亚土耳其人雕塑]

1252年威尼斯人在此建城，后被奥斯曼帝国等占领，1912年并入希腊。

一边敲击盾，用来掩盖刚出生的小宙斯的哭声。

宙斯长大成年后，逼迫父亲克洛诺斯吐出了5个孩子（波塞冬、德墨忒尔、哈迪斯、赫斯提亚和赫拉），联手自己的兄弟姐妹推翻了父亲的暴政，坐镇奥林匹斯山。

### 干尼亚城

干尼亚是克里特岛上的第二大城市，是一个位于克里特岛西北岸的港口小城。这个港口小城格外宁静，保留着古老的街道，游客可在海岸边租用装饰华丽的马车，穿梭于静谧而古朴的小巷中，品味这座海边小城独特的韵味。

克里特岛上的威尼斯风格的建筑有很多，整个干尼亚城内都能感受到浓厚的威尼斯遗风，不过保存得最好的要数街道尽头的威尼斯港，在港口的入口处有一座世界上最古老的埃及灯塔。

在干尼亚城的一角有一个废弃的圆形土堡（过去威尼斯城堡残留的西南角），登上堡垒俯瞰干尼亚城：威尼斯港、埃及灯塔、各色房屋、粉红房顶、教堂钟楼、古老的旧城区尽收眼底。

[世界上最古老的埃及灯塔]

世界上最古老的埃及灯塔又名哈尼亚灯塔或干尼亚灯塔，坐落在古老的威尼斯港入口处东侧防波堤的尽头，这座灯塔是威尼斯人在16世纪末期所建。该灯塔经历几百年的风霜，几经重修，如今依旧屹立着。

> 克里特岛上的居民中长寿者多，平均寿命超过 77 岁，女性超过 80 岁，60 岁以上的老人已占到 1/4，故被称为"长寿岛"。

> 大约在公元前 15 世纪，克里特文明悄然退出历史舞台。

### 粉红色沙滩

粉红色沙滩距离干尼亚市区有 2.5 小时的车程，地理位置相对偏远，是克里特岛的"镇岛之宝"，在整个希腊非常著名。这里以粉红色的细沙而闻名世界，在阳光的照射下，海滩上的细沙显出一轮轮的粉色光环。

关于粉红色沙滩有两种解释：一种是海中数以亿计的海洋生物残骸被冲上了沙滩，经过长期的风化，它们的粉色贝壳变成沙粒铺在沙滩上；另一种是离这里不远的圣托里尼岛的火山爆发，部分岩浆岩冲击到这边的沙滩，时间久了后，被研磨成粉色细沙。

这里的海水清澈见底，颜色由浅及深，景色十分迷人，因此极受游客欢迎，是个度假的好地方。

克里特岛的四周碧波环绕，岛上多高山峡谷，植物四季常青，鲜花四处飘香，瓜果漫山遍地；城市内的中世纪古城街道、城堡要塞、灯塔、港口、教堂、博物馆相映成景，是一个名副其实的"海上花园"。

[ 废弃的威尼斯城堡 ]

[ 克里特岛的粉红色沙滩 ]

克里特岛的粉红色沙滩曾被美国《国家地理》杂志评为"世界上最美的沙滩"之一。

# 隐藏在空中的小岛

# 斯凯岛

斯凯岛长期被云雾遮盖，不露真容，因此被称为"隐藏在空中的小岛"。这里的景色如梦似幻，是许多电影的取景地。

**[斯凯岛荒凉之美]**

斯凯岛大多地方为高位沼泽（又称"泥炭沼泽"或"苔藓沼泽"，为沼泽发展的后期阶段），并不适合开垦种植，因此自古以来，斯凯岛一直是一座荒凉、贫瘠的岛屿。

斯凯岛也叫天空岛，位于苏格兰西北近海处，是苏格兰西部赫布里底群岛中最大、最北的岛屿，岛长约50千米，最宽处不到8千米。

斯凯岛因其异常美丽的海岸线、荒无人烟的宽阔高地、废弃幽深的古堡和高耸孤独的灯塔，给人一种浪漫、粗犷和孤寂的自然美，这种辽阔苍凉的景象正是苏格兰高地的气质。

### 云之岛

斯凯岛远离世俗喧嚣，保留着大自然最纯净、最原始、最神秘的美，一直被誉为英国最美的地方，也有人把它称为"离天空最近的岛"。

**[徒步路线指示牌]**

斯凯岛在挪威语中的意思是"云之岛",据说中世纪时,曾有一群维京海盗来到苏格兰高地的西北海域,发现了这座岛屿,他们原本打算上岛掠夺一番,却发现整座岛都被迷雾笼罩着,如在云中一般,于是这群维京海盗放弃了打劫的念头,离开了这座岛,该岛因此得名"云之岛"。

## 最原始的人文风情

在看够了碧海蓝天、黄沙海滩的风景之后,斯凯岛呈现一种独特的美感,这里与陆地隔绝,是盖尔人文化保存最完整的地方。

英国的全称是大不列颠及北爱尔兰联合王国,由英格兰、苏格兰、威尔士和北爱尔兰组成。现代英国人有两大族源:日耳曼人和凯尔特人,前者是征服者,后者是被征服者。

说简单点,不列颠岛的原住民是凯尔特人,盖尔人则是凯尔特人的一个分支,而盖尔人主要由皮克特人与斯科特人结合而成,是不列颠岛最早的原住民。

随着人种和文化的融合,如今在英国,即便是盖尔人,会说盖尔语的也越来越少,不过在苏格兰西北的斯凯岛上,居民至今仍在使用盖尔语,岛上建有盖尔语学校,他们用自己独特而古老的语言,吟唱着诗歌,传承着文化。

**[ 斯凯大桥 ]**

斯凯大桥修建于 1995 年,横跨艾尔什湖之上,被称为"为世人打开天堂之门的仙境之桥"。它将斯凯岛与苏格兰陆地连接到了一起,使交通变得更为便利,来到这里的游客逐年增加。

"凯尔特人"是恺撒给这个民族起的拉丁语的名字,恺撒描述的凯尔特人最典型的体貌特征是他们标志性的红头发。现如今,在凯尔特人分布较广的苏格兰和爱尔兰地区,有 8% 左右的人是红头发。

盖尔人是英国的少数民族,占英国人口的 0.2%,大多使用英语和盖尔语,只有斯凯岛上的盖尔人单用盖尔语。

**[ 斯凯岛上的"非主流"牛 ]**

斯凯岛上的牛全身披着金红色长毛,眼前有长长的毛遮盖眼睛,因这种特有的齐刘海"非主流"的造型而被称为"非主流牛"。

[内斯特角灯塔]

### 内斯特角灯塔

内斯特角灯塔建于 1909 年，位于斯凯岛最西边，交通不太便利，只能自驾或者徒步前往。斯凯岛的大陆一角犹如伸进茫茫大海中的一只手臂，而美丽的内斯特角灯塔就屹立在与海相接的掌心之中。它是一座由 48 万根蜡烛作为动力的灯塔，被评为"世界最美丽的 10 座灯塔"之一。该灯塔建在悬崖上，悬崖很陡峭、危险，而且上面的风很大，被誉为"站在世界边缘的灯塔"，是"地球上 35 处神秘的魅力之地"之一。

[艾琳多南堡高耸的城墙]
艾琳多南堡古老的防卫墙上的护城炮和武器，能让你感受到几个世纪的沧桑。

### 艾琳多南堡

艾琳多南堡是斯凯岛上最著名的城堡，其历史可以追溯到公元 1220 年，最早用来防御维京海盗的袭扰，后来成了麦肯齐家族、马克雷家族的要塞。其三面环水，又位于西海岸，时常遭到入侵，日耳曼人、维京海盗和西班牙人都曾在这里登陆，1719 年 5 月被英国皇家海军

[艾琳多南堡]
在艾琳多南堡取景的电影包括《杜里世家》《福尔摩斯私生活》《挑战者》《超时空战士》《爱的证明》《黑日危机》《伊丽莎白：辉煌年代》《理性与感性》《新郎不是我》《007：黑日危机》等。

3 艘巡防舰摧毁，从此该城堡变成了废墟，持续了 200 多年。直到 1919 年，约翰·麦克雷·吉尔斯特拉普中校将这片废墟买了下来，历经 13 年才修复。

如今的艾琳多南堡仅有 100 多年历史，里面陈列有精美的古家具、武器和艺术品，是苏格兰被拍摄最多的古迹，被公认为苏格兰最浪漫的城堡，传说在城堡前接吻的情侣可以一生一世永结同心。

## 邓韦根城堡

邓韦根城堡是苏格兰最古老而且不断有人居住的城堡，位于斯凯岛上的邓韦根，成为麦克·唐纳德家族的中心地近 800 年。据说现在的主人是一位老太太，她是某个贵族的后裔，其唯一的继承人是一只与她相伴的猫。

这座城堡一直是麦克·唐纳德家族的私人要塞，禁止外人进入，1933 年才开始对外开放，成了苏格兰最佳旅游景点之一。沃尔特·司各特爵士、约翰逊博士、英国女王伊丽莎白二世和日本明仁天皇都访问过邓韦根城堡。

[ 邓韦根城堡 ]

邓韦根城堡中有很多麦克·唐纳德家族的重要遗迹，其中最主要的是"仙女旗"和"邓韦根杯"。仙女旗是麦克·唐纳德家族最珍贵的财产，一度被染成黄色，是来自中东（叙利亚或罗德）的丝绸，专家已经确认它的制作日期为公元 4—7 世纪，换句话说，至少是第一次十字军东征的 400 年前。

斯凯岛上有以下几个主要的村庄和小镇：波特里，它是斯凯岛的首府，位于东部海岸线；布罗德福德，在这里能够对麦克·唐纳德家族有更深刻的了解；位于斯凯岛北部的邓韦根以及斯凯岛上最佳的耕作地点——斯塔芬。

[ 斯凯岛地标之一：苏格兰裙边悬崖 ]

苏格兰裙边悬崖因为像苏格兰男人穿的裙子而出名。

[老人峰]

### 登高处——老人峰

老人峰这个词来源于挪威语中的"Storr"，意思是伟大的人。老人峰位于斯凯岛最北端：一根尖顶的石柱屹立在海边的山峦之上，神似一位独自坐在海边的老人。它是斯凯岛上最高的山峰，仅登山步道就有 3.8 千米长。这里山、海、天相连，拥有苏格兰最棒的徒步路线，站在老人峰峰顶，可一览斯凯岛全貌。不过老人峰的最佳观景点并不是在山顶，而是在山脚或者更远处。

欣赏老人峰有几个角度：一是刚踏上斯凯岛时，远看老人峰侧面的几根峰柱；二是在山脚，正面看峰柱，平时并不惊艳，但是有雾的时候非常漂亮；三是从后面观看，英国风光摄影比赛曾经的第一名所拍摄的主题就是这个角度，但是这个角度的风非常大，没有一点毅力很难欣赏到。

### 奎雷因

奎雷因是斯凯岛北部一个山区，这里的岩石和悬崖峭壁有一种野性之美，在不同的天气状况下呈现各异的

[奎雷因风景]

风貌。奎雷因山区的路弯弯曲曲，荒无人烟，而且越来越窄，越来越陡，时不时夹杂着一些小湖泊和瀑布，尤其在风雨天气时更显魔幻，电影《魔戒》就曾在这里取景；另外，电影《普罗米修斯》里有浓郁中世纪色彩的场景也是取景于此。

奎雷因是斯凯岛上最令人震撼的风景之一，但由于经常发生山体滑坡和泥石流，这里的道路每年都要维修。

### 古老的海滨小镇

波特里是一个恬静、古老的海滨小镇，位于斯凯岛东北部的一个天然形成的港湾内，是斯凯岛的首府，其面积很小，却是岛上最大的镇，也是全岛的交通枢纽，四周群山环抱，景致如画，半小时就能逛遍整个小镇。

波特里的建筑精美无比，房子涂上了鲜艳的色彩，不同于圣托里尼岛的张扬，这里更显得沉静与安详。

波特里拥有美丽迷人的港口，港湾里停满了各种游艇、帆船、渔船，甚至偶有军舰，每到夏季，这里就是度假的天堂。

[ 斯凯岛地标之一：米尔特瀑布 ]

米尔特瀑布比想象中的要小，水流一路冲到大西洋，据说早在 1.65 亿年前，这里是恐龙们的栖息地，因为英国科学家在这里发现了 15 对大型食肉恐龙的大脚印化石。

[ 詹姆斯五世 ]

詹姆斯五世（1512—1542 年）出生在苏格兰的林利斯戈城堡，年仅 1 岁的他继承了苏格兰王位。波特里这个名字是詹姆斯五世起的，意为"国王的港口"。

[ 波特里小镇色彩粉嫩的房子 ]

波特里小镇上有一排排色彩粉嫩的房子，粉红、粉蓝、粉绿、粉黄的房子映衬着蓝色的天，是当地的一个地标，出现在很多明信片和摄影作品里。

# 爱琴海沿岸的童话世界

# 圣托里尼岛

　　白房子群、蓝顶教堂、蔚蓝的爱琴海……圣托里尼岛就是爱琴海沿岸的童话世界，每一步都是不同的风景，随手拍一张照片就是明信片般的画面。

“圣托里尼”是 13 世纪时威尼斯人所命名的。

圣托里尼岛面积不大，适合徒步旅行，如果途中累了，可以租车，还可以租用当地人的驴代步。

最早到达圣托里尼岛的是腓尼基人和多立安人，之后这里就像其他希腊领土一样，成为罗马人、拜占庭人以及法兰克人的领地。1579 年，该岛屿的控制权落入奥斯曼人之手，1912 年后归希腊管辖。

　　圣托里尼岛是希腊最著名的岛屿之一，距离希腊大陆东南 200 千米，位于爱琴海上基克拉泽斯群岛的最南端、由火山组成的圣托里尼岛环上。圣托里尼岛由 3 座小岛组成，最大的一座叫锡拉岛；最小的岛叫锡拉夏岛；中间的岛是个沉睡的火山岛，叫尼亚卡梅尼。

　　圣托里尼岛的面积为 96 平方千米，海岸线长 69 千米，约有 1.4 万名居民。岛上的建筑蓝白相间，衬以蔚蓝大海，美不胜收，是著名的旅游胜地。

[费拉的蓝白建筑]
圣托里尼岛上最有名的小镇是伊亚、易莫洛林和费拉，其中伊亚最适合看日落；易莫洛林有性价比最高的悬崖酒店；费拉比较繁杂，更适合体验生活。

[ 圣托里尼岛美景 ]

### 蜜月胜地，度假天堂

圣托里尼岛虽然面积不大，却有 13 个村镇，首府是费拉，位于岛的西岸，每个村镇都依山傍海而建，房屋建在悬崖之上，没有完全相同的房屋，小镇弄巷曲折，每一处转角都有独特的惊喜，展现着希腊人的智慧。

这里的居民守着传承百代的生活传统，年复一年地用白漆粉刷墙壁，使房屋看上去洁白、纯净，与蔚蓝的天空、碧蓝的海水构成一幅美丽的画卷。圣托里尼岛既是一个带有浓重历史色彩的地方，更是一个充满轻松浪漫气息的度假天堂，吸引着世界各地的情侣来此度蜜月。

### 黑沙滩

圣托里尼岛有两个黑沙滩，一个是位于首府费拉附近、长方形的卡玛利沙滩；另一个是位于圣托里尼岛南面的柏莉萨沙滩。

圣托里尼岛上没有溪流，因此水源短缺。岛上虽有海水淡化厂，但是岛民依旧会收集降到房顶和天井的雨水，甚至会从其他地方进口淡水。

[ 蓝顶教堂 ]

圣托里尼岛上有大大小小上千座蓝顶教堂，其中费拉和伊亚两个小镇最多。

[卡玛利沙滩]

圣托里尼岛的先民曾在火山岩上挖洞来作为容身之所，到了现代，这种建筑也沿用下来，成为这里的一大特色，想要亲身感受圣托里尼岛的浪漫，一定要在白色的洞中住上一晚。

黑沙滩的沙看起来是黑的，水也是黑的，这是由于圣托里尼岛的火山喷发，比较重的熔浆冷却后形成黑色的火山石，经过上千年的海浪冲打，黑色的火山石变成了黑沙滩。据说黑沙滩的沙砾比较粗，有点硌脚，有保健按摩的功效；这里的海水清凉，有美容的作用，适合晒日光浴，也是游泳的最佳地点。

### 红沙滩

圣托里尼岛除了有两个黑沙滩外，还有一个红沙滩。红沙滩位于岛南边的阿科罗提利镇，这里有大片的红色

[红沙滩]

裸岩，岩石因富含铁元素，因此呈现迷人的红色，在阳光的照耀下非常美丽。红沙滩是圣托里尼岛最著名、最美丽的沙滩。

### 阿科罗提利遗址

在红沙滩不远处有一处古希腊克里特文明时期遗留下来的古迹——阿科罗提利遗址，这里一度被学者认为是消失了的亚特兰蒂斯居民曾在此居住过的证据。这个遗址被火山灰覆盖，历史可追溯到公元前 16 世纪，遗址内被分隔成许多个房间，房屋外侧还有复杂的水渠系统，完好地记录了 3000 多年前该岛居民的生活情景，具有高度的艺术水平，其中的"春之图""打拳少年""渔夫""航海图"等作品真迹如今被保存在雅典的希腊国家考古博物馆中。

[ 阿科罗提利遗址中的壁画 ]

约公元前 1500 年，大规模火山喷发将位于阿科罗提利的整座城市埋在了火山灰下，因为火山灰的保护，为现代考古学家留下了一笔"宝贵的财富"。

### 最美的落日——伊亚

伊亚镇建立在海边的悬崖上，是圣托里尼岛

[ 伊亚镇落日 ]

太阳从白色渐渐变为金黄色，然后再慢慢成为血一般的鲜红色，这就是被称为"这个星球上最温柔的落日"美景。

[与红沙滩相邻的灯塔]

该灯塔的塔顶如同希腊其他地方的灯塔一样，也是绿色的，这和欧洲很多地方的灯塔的红色塔顶不同。

上的第二大镇，被认为是世界上能观看到最美落日的地方。每天都会有成千上万名游客聚集在这里享受落日的余晖。

伊亚镇最让游客感兴趣的景点是石洞屋，这种被称为"鸟巢"的房屋，不再是原始黄色穴洞，而是白色门墙屋顶、蓝彩窗棂，门口或者台阶上会摆上几盆红花，表现出基克拉泽斯群岛的建筑风格。

当日幕西斜，悬崖边白色房子的光影会开始随着阳光的变化而变化。在太阳落下的那一瞬间，时间仿佛停滞，整个镇子突然变得宁静安详。大家都被大自然的美景折服了，安静地送走夕阳的最后一抹余晖，然后会情不自禁地鼓掌。

[伊亚镇内的艺术品店门口招牌]

伊亚就好像北京的宋庄一样，是艺术家之镇，许多小店里面的艺术品的艺术造诣都很高。这家店的招牌就是几个爬楼梯、欲登天的人。

[伊亚镇教堂前的钟楼]

## 充满文艺气息的美丽海岛

# 帕罗斯岛

这里的蓝是纯粹的，没有任何杂质；这里的白是明媚的，像是天空中的云彩在这里停歇。地中海的风情就隐藏在这里的蓝白相间中。

帕罗斯岛与圣托里尼岛一样，是基克拉泽斯群岛中的一员，位于爱琴海的中心位置。它和众多爱琴海中的岛屿一样，有白石灰粉刷的房屋、蓝色半球型屋顶的教堂、金黄色的沙滩、充满活力的酒吧和慢节奏的生活……

### 2020 年欧洲最佳岛屿

2020 年，美国著名旅游杂志《旅游与休闲》从自然景观、海滩、食物、对游客友好度和整体价值方面对欧洲的岛屿进行评选，结果帕罗斯岛以 90.55 分在欧洲 20 座最佳岛屿中排名第一位。

帕罗斯岛是基克拉泽斯群岛的第四大岛。

帕罗斯岛出产洁白且品位很高的大理石，可用于雕刻，是古代帕罗斯岛的主要财源。现收藏于巴黎卢浮宫的《米洛斯的维纳斯》雕像就是用这里的大理石做成的。

帕罗斯岛最早由阿卡迪亚人和爱奥尼亚人拓居。公元前 490 年加入波斯帝国。后受埃及托勒密王朝及罗马帝国统治。1204 年后归属威尼斯。1537 年被奥斯曼人攻占。希腊独立战争后于 1830 年并入希腊。

[帕罗斯岛美景]

**[百门圣母教堂]**

百门圣母教堂被称为帕罗斯岛上的神圣宝石，是希腊最重要的基督教历史古迹之一。百门圣母教堂内外建筑的壁画装饰可追溯到公元7—8世纪。

帕罗斯岛上最重要的考古发现为一块17世纪的大理石石碑，上面刻有帕罗斯编年史，记载了希腊早期和古典时代的大事件。

百门圣母教堂是根据圣海伦娜朝拜的故事建造的，它由两个毗邻的小教堂组成，传说有100个门，可人们只找到99个，是典型的拜占庭式建筑风格。

**[君士坦丁大帝]**

君士坦丁大帝即君士坦丁一世（272或274—337年），是罗马帝国首位将基督教提升到国教地位的皇帝，被尊称为君士坦丁大帝。

## 帕里基亚镇

帕里基亚镇是帕罗斯岛的首府，建立在西北岸古都遗址上。这里记述着帕罗斯岛的历史：从青铜时代到威尼斯共和国时期，之后又被奥斯曼帝国占领，再到希腊独立战争后，1830年并入希腊。

在帕里基亚镇的主广场上有一座东正教的教堂——百门圣母教堂，它由两个毗邻的小礼拜堂组成，是典型的拜占庭式建筑风格，是君士坦丁大帝为母亲圣海伦娜建造的。

整个小镇只有一条主要的商业街，从中心主广场延伸到港口，港口游船码头附近有一座风车环岛，是帕罗斯岛的标志。

## 雷夫克斯

雷夫克斯是一个隐藏在帕罗斯岛深处的美丽小镇，这里有很经典的爱琴海式的蓝白色建筑，民居都围着中心广场依次往外延伸，中间有学校。这里的游客很少，是个很安静的小镇，因为过于偏僻，镇上大部分的年轻人都已经去往了更加发达的城市生活，在小镇留守的大部分是老人和孩

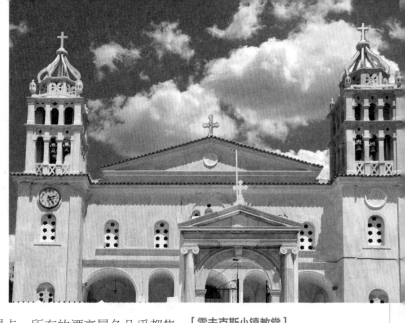

子，他们每天闲来无事时，把自家的小院、窗台拾掇得相当艺术、精致。

雷夫克斯是一个还没有被商业化的淳朴乡村小镇，完全保持着希腊普通人的生活氛围，迷宫般曲折的小镇街道上极少看到人，小镇没有指示牌，也没有知名景点，所有的漂亮景色几乎都集中在中心教堂周边。

这里有粉色的玫瑰、洁白色的房屋、蓝色的门窗、石板铺成的小路、蓝蓝的天、白白的云、成片的绿草，因此被誉为希腊"最美小镇"。

### 慵懒的生活节奏

帕罗斯岛的生活节奏很慢，当地人最常见的生活方式是在海边晒太阳、品茶、喝酒、聊天、钓鱼，甚至只是对着湛蓝的大海发呆……

早上，不可以喧嚣，免得打扰到当地人睡到自然醒

[雷夫克斯小镇教堂]

帕罗斯岛的百门教会在每年的圣母升天节都会举行盛大的祭祀典礼。

帕罗斯岛的海和沙滩没有米克诺斯岛的精致，倒是多了些粗犷的味道。

[潜水海滩]

帕罗斯岛有一片特别神奇的潜水海滩，海岸沙滩往海而去几百米，海水深度都只到脚腕，适合带小朋友玩。

[港口码头的风车]

有人说，上帝在希腊打翻了调色板，这里的人天生就对色彩有着极为独到的搭配能力，纯白的墙搭配蓝色或浅冰激凌色的窗户或门栏，充满小清新的风格。

的习惯；下午 2 点到 5 点也不能喧闹，因为当地人要午睡，否则他们会报警。

当地政府机关早上 9 点上班，到下午 2 点就关门了，政府机关尚且如此，就更不用说商贩们了。

商贩们不管是早上还是下午，什么时候营业要看什么时候睡醒以及心情如何，一切都是他们自己说了算。如果他们愿意，睡醒后会直接去游泳或喝咖啡，晚上 9 点后吃晚餐，然后再出去过夜生活到半夜。

平日里，常可以在公园或者广场上见到手拿啤酒瓶的老人，他们一边嘬着酒，一边和路人聊天，就这样能过一下午，或者干脆一天。

帕罗斯岛人有着希腊人特有的慵懒生活习惯，甚至表现得更加突出，他们追求自由、悠闲，懂得享受生活。

# 维纳斯的家乡

# 米洛斯岛

在众多希腊海岛中，米洛斯岛以其独特的人文历史和自然风景而闻名，是"全球十大最美丽岛屿"之一。

米洛斯岛是爱琴海上的一座火山岛，位于基克拉泽斯群岛的最西端，距离雅典约 64 千米。岛上的主要城市为米洛斯，有外港阿达姆斯。古代曾出口黑曜石到腓尼基，是早期爱琴海文化中心之一。

[ 米洛斯岛美景 ]

米洛斯岛被湛蓝的大海包围着，若想置身美景之中，可乘船环岛游览，途经很多海滩和洞穴。米洛斯岛和爱琴海上的其他希腊岛屿一样，城镇里依然遍布曲折的小巷、蓝白色的房屋，但这里的蓝白色不再如圣托里尼岛的那样清新，而是更放肆。

## 发现《米洛斯的维纳斯》的地方

众所周知，以优美端庄而著称的雕像《米洛斯的维纳斯》是古希腊雕刻家阿历山德罗斯于公元前 150 年左

[ 克利马城古卫城遗迹 ]

[ 海边洞穴 ]

因为天然的地势，这里以前是海盗藏船的地方，现在米洛斯岛上还有一些关于海盗的纪念品售卖。

[ 卢浮宫的《米洛斯的维纳斯》雕像 ]

《米洛斯的维纳斯》是举世闻名的古希腊后期的雕塑杰作，其两臂虽然已失去，却让人感觉到一种残缺的美，一直被认为是迄今所发现的希腊女性雕像中最美的一尊。

右创作的大理石雕塑。1802 年 2 月在米洛斯岛上被发现，之后成为法国卢浮宫继《蒙娜丽莎》《胜利女神像》之后的第三件镇馆之宝。

在发现《米洛斯的维纳斯》的阿曼达城不远处，又先后发掘出克利马城古卫城遗迹和阿波罗尼亚附近的菲拉科皮遗迹等。菲拉科皮遗迹最早建于公元前2300—前2000年，公元前 2000—前 1550 年在原址上建立了第二座城市。迈锡尼时期又在原址的基础上建造了第三座城市，代表了基克拉泽斯群岛文明的全盛时期，公元前 1100 年该城市毁于战火中。

[ 被悬崖包裹的海滩 ]

### 洞穴与沙滩

米洛斯岛是一座火山岛，以前主火山口遗留的空穴成了一个个天然港口，深度由 130 米逐渐降低到 55 米，北面一道约 18 千米宽的海峡将岛分成面积几乎相等的两部分。

米洛斯岛的岩石里有着大量的凝灰岩、粗面岩、硫黄、明矾和黑曜石，古代这里主要出口的就是硫黄、明矾和黑曜石。

岛上有火山口遗留的空穴，也有人工开凿的矿道，在海岸线上有众多的坑洞。在这些坑洞之间神奇地分布着一些沙滩，有些笔直的沙滩上有点点灰白，遍布着渔民的小屋；有些矗立在水面上的锈红色崖壁上，下方点缀着一块块翠绿色的岩石；还有些像是完整的新月，上面布满万千沙粒。

[ 米洛斯岛浅水湾 ]

这是一个由火山喷发后天然形成的浅湾，避风且安全，很适合游泳。这片海域纯净无瑕，据说因为有天然岩石的保护，海底生物繁多，不少潜水爱好者都会来此活动。

米洛斯岛最高点是西部的伊比亚斯峰，海拔 751 米。

雅典人曾在伯罗奔尼撒战争中杀死了米洛斯岛上的所有男人，欧里庇得斯因此创作了反战剧作《特洛伊妇女》。

[ 米洛斯岛洞穴 ]

米洛斯岛有很多洞穴，有天然的，也有人工开凿的采矿洞，至今还有很多洞穴未被发现，是探秘者的天堂。

米洛斯岛的夕阳美景是绝对不容错过的。

# 多元文化的融汇之地

# 罗德岛

这里除了拥有阳光、沙滩之外，还有十字军东征时留下的城堡、希腊古典的神庙、体育场和歌剧院等，是一个多元文化的融汇之地。

**罗德岛的传说**

关于罗德岛的由来有很多说法，不过都和太阳神有关系。相传有一次宙斯宴请各路神明，唯独忘记了给太阳神赫利俄斯准备礼物，为了补偿，宙斯许诺将下一个爱琴海中诞生的大陆赠予太阳神，当爱琴海中出现了新的岛屿时，太阳神便以妻子罗德的名字给小岛起名罗德岛。

另一种说法：传说罗德岛是太阳神赫利俄斯和罗德女神结合的产物。

罗德岛位于爱琴海的最东边，临近土耳其，是希腊的第四大海岛。它是世界上唯一一座拥有古代世界七大奇迹之一的岛屿！还是唯一一座拥有世界文化遗产的爱琴海岛屿！

## 太阳神巨像

罗德岛是爱琴海文明的起源地之一，有相当古老的传说，据说这座岛是以希腊神话中"罗德女神"的名字命名的。

公元前408年，罗德岛上建成罗德港，这里便成了重要的商业中心。这里曾被许多势力统治过，其中包括摩索拉斯（他的陵墓也是古代世界七大奇迹之一）和亚历山大大帝。在亚历山大大帝之后，罗德岛陷入了长期的战争中。

公元前305年，亚历山大帝国解体后，

古代世界七大奇迹是指古代西方人眼中的七处宏伟的人造景观，它们是埃及胡夫金字塔、巴比伦空中花园、阿尔忒弥斯神庙、奥林匹亚宙斯神像、摩索拉斯陵墓、罗德岛太阳神巨像和亚历山大灯塔。

**[太阳神巨像——猜想图]**

据专家推算，太阳神巨像是中空的，里面用复杂的石头和铁的支柱加固，外包青铜壳。

[ 仅剩的两个鹿雕像 ]

鹿是罗德岛上的吉祥图案，很多地方都有鹿的踪迹。

对罗德岛垂涎已久的马其顿国王安提柯一世，派儿子德米特里率领 4 万军队（这已超过了岛上的人口）包围了罗德港。罗德岛人经过艰苦的战斗，赶跑了侵略者。

为了庆祝这次胜利，罗德岛人收集了马其顿士兵撤退时遗弃的青铜兵器，达 12.5 吨，熔化后历时 12 年之久，修建了一尊高约 33 米的太阳神巨像。该巨像头戴太阳放射光芒状的冠冕，左手执神鞭，右手高擎火炬，两脚站在港口的石座上，过往的船只能从其胯间穿过，从船上仰望其宏伟的雄姿。它便是古代世界七大奇迹之一的太阳神巨像。但太阳神

[ 攻城塔 ]

据说马其顿的德米特里拥有当时最先进的攻城武器：攻城槌，其总长 55 米，需用 1000 名人员来操作；攻城塔则被命名为破城者，是一座高 38 米、共 9 层的巨型攻城武器，还可用轮子推动。因为这些攻城武器前所未见，且相当惊人，使德米特里获得"征服城市者"这个昵称。但是，他却在公元前 305 年围攻罗德岛的战役中失败。

[ 圣约翰骑士团徽标 ]

圣约翰骑士团即马耳他骑士团，成立于第一次十字军东征之后，本为保护医护设施而设立的军事组织，是一个行善的组织，公元 1120 年才开始作为一个军事修会进行活动，成为天主教在圣地的主要军事力量之一，其影响一直持续至今。

**[ 林佐斯古城柱廊遗迹 ]**

这里原本建有一个巧夺天工的柱廊，立有 42 根陶立克式的柱子，但在历经上千年历史的风吹日晒后早就变得满目疮痍，人们只能在残垣断壁之中依稀体会到古希腊的辉煌过往。

**[ 骑士宫殿 ]**

骑士宫殿华丽而恢宏，明亮且气派，建于 14 世纪，后于 1856 年的火药爆炸中被摧毁，意大利人在 20 世纪初对该宫殿进行了重建，并作为墨索里尼和国王维克多·埃曼努尔三世的度假胜地，现在是一座博物馆。

巨像建成仅 50 多年后就被地震毁坏了，从此倒在港口附近的岸边。公元 654 年，罗德岛被阿拉伯人入侵，太阳神巨像的遗迹被运往叙利亚，几经周折，不知去向。如今仅剩下太阳神巨像脚边的石柱上的两头鹿依旧存在。

### 林佐斯古城

林佐斯古城位于罗德岛的东部，是一座白色小城，大约在公元前 12 世纪多利安人在罗德岛上建立了 3 座古城，林佐斯古城就是其中之一。6 世纪时，这里被希腊七贤之一的克利俄布卢统治；5 世纪末，罗德市成立后，林佐斯古城的重要性逐渐下降；在古希腊和罗马时期，林佐斯古城的发展达到了顶峰，到了中世纪早期，这些建筑被废弃；14 世纪时，林佐斯古城的部分建筑被圣约翰骑士团建造的大堡垒所占据，以抵御奥斯曼人的入侵。如今，人们看到的林佐斯古城的主要建筑物都是中世纪时建造的，同时保留了拜占庭帝国、奥斯曼帝国统治时代和罗德岛原始建筑的历史遗迹。

### 兵家必争之地

罗德岛位于爱琴海和地中海的交界处，距雅典约 430 千米，距土耳其东岸约 17 千米，因地理位置的特殊性，在历史上成为伊斯兰教和基督教争夺的战略要地。

在十字军东征期间，圣约翰骑士团占领了该岛后，在岛上留下了许多中世纪的建筑，比如，罗德岛古城内著名的骑士宫殿和骑士大道，成为罗德岛历史上重要的一个篇章。

在 1309—1523 年圣约翰骑士团统治期间，

在七泉不远处还保留着古老的意大利渡槽，非常值得参观。

罗德城以坚不可摧而闻名，先后击退了1480年穆罕默德二世和1522年埃及苏丹的进攻，但1522年，被奥斯曼帝国军队长期围困之后，终于向苏莱曼二世投降了，从此罗德城被奥斯曼帝国统治，一直到1912年。

### 童话般的罗德岛：蝴蝶谷、七泉

在罗德岛西南处有个山谷——佩塔鲁德斯蝴蝶谷。这里有很多松树，每当春夏交替的时节，松树散发出的松脂清香，会吸引来数百万只色彩斑斓的蝴蝶，这时山谷内的树叶上、花瓣上、岩石上、溪流旁、池塘边都是蝴蝶，如同一个童话世界，堪称岛上一大奇观。

罗德岛的山林中除了有童话般的蝴蝶谷外，还有七泉，它是被繁密的松树林笼罩的、由7个天然淡水泉眼组成的一湾碧绿的湖水，即便是炎热的夏天，这里依然凉爽宜人。这里的空气中散发着松树香醇的味道，是大自然中的天然氧吧，在清澈的湖边、绿草丛中，经常可以看到野鸭或野鹅，如果运气好，还能看到悠闲自得的孔雀。

在罗德岛有众多的海滩，距罗德市中心南端3千米处有一个裸体海滩，它位于一个三面绝壁的小海湾内。

**[ 罗德岛古城门 ]**

罗德岛有12个古城门，是进出古城的必经之处。每个城门上都有盾徽，让人处处感觉到十字军骑士留下的印记。罗德古城里街道狭窄，汽车很难通行，摩托车成了当地居民的主要出行工具。

中世纪时期圣约翰骑士团的历史至今还流传在罗德古城的各个角落，因此，罗德岛也被称为"骑士之岛"。

**[ 罗德古城风光 ]**

进入罗德岛的十字军骑士中法国人的比例较大，古城的建筑风格与法国古城堡相近。

# 希腊最吸引游客的大花园

# 科孚岛 :∴∴∴

电影《德雷尔一家》中，德雷尔夫人一家为什么要搬到连电都不通的科孚岛呢？或许只是因为那片海，那片天和那处景。

[科孚岛美景]

[海神波塞冬]

波塞冬是古希腊神话中的海神，奥林匹斯十二主神之一，同时也是掌管马匹的神，他的座驾是白马驾驶的黄金战车，武器是三叉戟（据说豪车玛莎拉蒂的车标就是波塞冬的三叉戟），他是宙斯和哈迪斯的兄弟。

科孚岛地处希腊西部，是爱奥尼亚群岛中的第二大岛屿，在远古时期，科孚岛叫作"Makris"，意思是"长长的"，全岛长约58千米，最大宽度为27千米，其最高点海拔906米。它的外形像一把镰刀，岛上的城市和港口集中在"镰刀"的内侧，与阿尔巴尼亚的海岸相对。

### 海神波塞冬抢了个仙女

"科孚"这个沿袭至今的名字，是英国统治时期对这座岛屿的称呼，其音译自希腊语中的仙女克基拉。传说海神波塞冬风流成性，他爱上了美丽的仙女克基拉，便将她掳至希腊西部的一座

**[科孚岛老城堡]**

15世纪时，威尼斯人在科孚岛海岬上建造了一座古老的拜占庭式城堡，它十分坚固，使科孚岛抵挡住了奥斯曼帝国三次强有力的进攻。

老城堡内有几处看点：小型博物馆，专门展示科孚岛后拜占庭艺术；英国人19世纪建造的军营，里面有个小图书馆；还有一座钟楼和圣母玛利亚小教堂。

英国女王伊丽莎白二世的丈夫菲利普亲王出生在科孚岛。

无名小岛上，并以克基拉的名字为此岛命名。

### 威尼斯的门户

科孚岛的历史可以追溯到公元前6000年，当时有一群海上游民来到这座无名岛并驻扎安家，成了这座岛上最早的居民。科孚岛曾先后被罗马帝国、拜占庭帝国、热那亚人和威尼斯人统治。其中威尼斯共和国曾在1401—1797年统治该岛，当时称为"威尼斯的门户"，奥斯曼帝国曾在1537年、1571年、1573年和1716年围困该岛，但均以失败告终，所以这里又被视为基督教抵抗伊斯兰教的堡垒。

科孚岛遍布斑驳与厚重的历史痕迹，无论新城堡、

**[圣斯皮里顿教堂]**

圣斯皮里顿教堂位于历史悠久的科孚市中心，其建于1590年，是明显的威尼斯建筑风格，1620年增加的钟楼顶部是科孚岛的最高点。

新城堡位于科孚岛新港口附近，本是威尼斯人于1577年建造的，后来法国人和英国人相继进驻这里，所以现在这座城堡充满英国风格。

"科孚"在意大利语中的含义是"众山峰的城市"，说明这座岛有许多的山，事实也确实如此，该岛的北部较为多山，中部地形起伏，南部则是低洼地带。

[ 阿尔忒弥斯神庙遗址 ]
阿尔忒弥斯神庙是一座古希腊神庙,建于公元前580年左右,位于科孚市的郊区。

科孚岛上的圣迈克尔宫和圣乔治宫博物馆创建于1927年,是希腊唯一一个专门致力于亚洲艺术的博物馆。

老城堡还是一条条街道,都经历了历史的风霜,透出浓浓的沧桑。不仅如此,科孚岛还是一座非常漂亮的岛屿,有美丽的山丘;岛上植被繁茂,到处是橄榄树、松树、枞树、无花果树、柑橘林和葡萄园;沿岛周围还有许多美丽的沙滩和历史建筑群。

[ 阿喀琉斯雕像 ]

[ 茜茜公主 ]
茜茜公主(1837—1898年),全名伊丽莎白·亚美莉·欧根妮,奥地利皇后与匈牙利女王。1890年,茜茜公主曾在科孚岛上建了一座宫殿,她称它为阿喀琉斯宫,并在宫前竖立了一座阿喀琉斯雕像。

# 神秘美丽的女妖居所

# 卡普里岛

这里不仅有世界七大奇景之一的蓝洞，还有湛蓝的海水、茂盛的植被、精致的度假小屋和花园、古老的罗马遗址等，是意大利最受欢迎的度假胜地之一。

卡普里岛是第勒尼安海中的岛屿，位于那不勒斯湾南部，属于意大利。它是一座石灰岩岛屿，中间地势较低，临海的一侧多为绝壁，最高点索拉罗峰海拔589米。整座岛可分为东边的卡普里镇和西边的安娜卡普里镇。

### 海上仙境诱惑了两位罗马皇帝

卡普里岛堪称海上仙境，这个称号不是凭空得来的。

卡普里岛的森林、海域、空气、阳光都令人憧憬，吸引了许多名人来此度假，如好莱坞著名影星伊丽莎白·泰勒、世界著名作家霍蒂、美国富豪波顿爵士、苏联作家高尔基等。高尔基在卡普里岛住了7年，他的三部巨著《童年》《在人间》和《我的大学》都是在这个时期完成的。

卡普里岛还曾让两位罗马皇帝流连忘返。据记载，奥古斯都在东方战役结束后，归途中在卡普里岛登陆，从此便迷上了这里，他不惜以面积比卡普里岛大4倍的伊斯基亚岛换取了这里，作为自己的避暑之地。后来他在周游那不勒斯时，还曾到卡普里

> 卡普里岛是意大利最昂贵、最奢侈、最浪漫的岛屿，也被称为意大利的"白色蜜月岛"。

> 卡普里岛的五星级酒店多建在悬崖之上的隐秘处。

**[腓尼基台阶]**

很久以前，从卡普里镇去往安娜卡普里镇，必须通过一堵陡峻的峭壁，古代腓尼基人克服天险，在峭壁上开凿了777级台阶，人们至今仍在使用。

[朱庇特别墅遗迹]

朱庇特别墅是一座古罗马宫殿，是卡普里岛上 12 座罗马别墅中最大且最奢侈的一座，曾是罗马皇帝提比略在卡普里岛的主要行宫，位于卡普里岛的东北角。别墅后的楼梯直通 330 米高的提比略悬崖，据说提比略曾在这里把旧爱抛入大海。

岛短暂停留，随后驾崩。奥古斯都死后，其继承人提比略晚年居住在卡普里岛，凭借与元老院的书信往返，整整 10 年都以这种十分奇特的方式控制着国家的政局，直到死都没有离开，可见卡普里岛是多么的迷人了。

[奥古斯都]

奥古斯都既是罗马帝国第一位皇帝，也是唯一一位名为奥古斯都的皇帝。奥古斯都一般最常用来指称罗马帝国的第一位皇帝屋大维，但奥古斯都也同样可以作为罗马皇帝的头衔。

[提比略]

公元 14 年，奥古斯都驾崩，提比略继承了由奥古斯都缔造的帝国，成为罗马帝国第二位皇帝，他最后以 79 岁的高龄病死在卡普里岛。

### 世界七大奇景之一的蓝洞

据说，在远古时代，卡普里岛本来与大陆相连，后来陆地沉陷，被海水淹没。再后来，非洲大陆同欧洲大陆断裂，地中海中的海水流入大西洋，使地中海水位下降，才露出了卡普里岛。卡普里岛是一座石灰岩岛屿，岩石峭立，易受海水侵蚀，岩石间形成了许多奇特的岩洞。

在卡普里岛的诸多岩洞中，最有名的是位于岛北部的蓝洞，它的洞口很小，内侧深 54 米，高 15 米，只能乘坐小船进入。由于洞口的特殊结构，当阳光从洞口射入洞内，再从洞内水底反射上来时，海水一片晶蓝，连洞内的岩石也变成了蓝色，因此被称为"蓝洞"，洞内曾发现波塞冬和特里同的雕像。

### 女妖岛

卡普里岛又被称为女妖岛，相传这里居住着女妖——塞壬三姐妹。每当有船只经过这片海域，她们就会高唱魔歌，迷惑水手，让他们毫无所觉地撞上礁石，最后船毁人亡，除了希腊神话中足智多谋的奥德修斯之外，经过这里的其他水手无一幸免。

[卡普里岛蓝洞]
参观蓝洞的条件：天气晴朗、退潮、没有风浪。

[索拉罗峰峰顶的奥古斯都雕像]

# 独特的海上明珠

# 厄尔巴岛

传说中厄尔巴岛及其周围的几座小岛是爱神维纳斯身上戴的宝石项链跌碎之后，碎片掉入海中而形成的。

[厄尔巴岛海滩]

厄尔巴岛位于意大利本土和科西嘉岛之间，是托斯卡纳群岛的主岛，面积为 223 平方千米，是意大利第三大岛，仅次于西西里岛和撒丁岛。这里气候温和，有各种地中海植被，多橄榄林和葡萄园，经济以矿产开发及鳀鱼、沙丁鱼和金枪鱼捕捞业为主。

## 神话之外，海盗横行带来的神秘

厄尔巴岛自古以来就以铁矿资源和其他宝贵的矿藏而闻名于世。厄尔巴之名正是来自拉丁语中的"富铁矿物"之意。希腊人称它为"烟雾"，意思是金属冶炼炉

厄尔巴岛如今是著名的葡萄酒乡，种植以厄尔巴岛的中心城市和主港费约港命名的葡萄——费约港白葡萄。

[堡垒废墟]

厄尔巴岛上残破的堡垒废墟见证了小岛动荡多变的历史。

> 拿破仑被流放到厄尔巴岛后，在这座小岛上大兴土木，修了路，建了很多基础设施，还联系岛外的商人为小岛建立贸易渠道等，他因此受到了当地百姓的爱戴。

的烟气。岛上除了铁矿之外，还有铜矿、石英、石棉、花岗石和碧玉石等。

在公元前 1 世纪时，罗马诗人维吉尔记述了他在厄尔巴岛的所见所闻，他称厄尔巴岛经常有海盗出没和盘踞，同时这里还长期被外族人侵占，这为厄尔巴岛和其周边的小岛带来了几分神秘与恐怖的色彩。

### 拿破仑的 300 天皇帝

在中世纪初，厄尔巴岛先由比萨统治，后来被热那亚夺取，皮翁比诺公爵、美第奇家族的科西莫一世和西班牙也曾统治过这里。

1814 年，反法联军进入巴黎以后，召唤在外流亡的路易十八归国，重建波旁王朝，拿破仑被迫退位并被流放。根据双方签署的《枫丹白露协议》，拿破仑保留了"皇帝"的称号，可是他的领土只局限在流放地，而且其流放地只能选择当时处于法国控制之下的科孚岛或厄尔巴岛。

拿破仑选择了厄尔巴岛，随后他被押送到这里，随行的有他的母亲、他的妹妹宝丽娜和一些其他人员。当地居民对拿破仑的到来表示了热烈的欢迎，厄尔巴岛也因拿破仑的到来，从名不见经传一跃成了当时全欧洲人关注的中心。

> 比萨如今是意大利中西部的城市。比萨凭借临海的优势，在 11 世纪时成为海权强国，也是意大利历史上 4 个海洋共和国之一。

[拿破仑"百日复辟"里程碑]

> 为了纪念拿破仑，岛上的许多饭馆、旅馆、街道和广场都以他的名字命名。

[磨坊别墅]

费约港（铁港镇）是厄尔巴岛的主要城镇，这里在罗马时代就是一个重要港口，承运厄尔巴岛生产的铁矿及铁器。

拿破仑的居住地是费约港最高处的穆利尼别墅（磨坊别墅），该别墅是由佛罗伦萨统治者美第奇于 1724 年修建的。拿破仑从法国请来木工、泥瓦匠、画家和装饰匠，把它整修成名副其实的"宫殿"，住在里面既舒适又安全。他把自己的客厅、图书室、卧室等安排在一楼，让妹妹和母亲居住在楼上。如今，磨坊别墅已经成为旅游景点，各房间内的物品都是按拿破仑居住时的模样原封不动地保存着。

[ 费约港灯塔 ]

费约港如今依然是厄尔巴岛对外联系的门户，夏季时每20分钟就有一班轮渡往返于费约港和意大利中部港市皮翁比诺。

厄尔巴岛北岸有一处海湾，这里拥有厄尔巴岛北岸最大的沙滩，同时也是观看日落的上佳地点。

[ 卡潘尼山山顶 ]

拿破仑在厄尔巴岛当了300天的流放皇帝后，悄悄地率领700名士兵回到法国，很快就夺取了政权，这就是历史上著名的"百日政变"。

### 卡潘尼山

厄尔巴岛的地形变化很大，有平原、高山、丘陵，最高之处是海拔1018米的卡潘尼山，它位于岛屿的中心，不仅是厄尔巴岛的最高峰，还被称为"托斯卡纳群岛屋顶"。山顶有索道出口，继续往上沿路攀行10分钟，便可到达真正的顶峰。坐在山顶的平台上，看云起云涌，听风来风去，脚下的山脉延绵入海，晶莹剔透的海面无边无垠，感觉十分奇特。山脚下还有一个名为"拿破仑之泉"的温泉景点。

厄尔巴岛上还有很多内陆小村庄，如波乔、马尔恰纳和卡波利韦里，这些村庄都非常安静，景致优美，是很好的休憩地。

## 小小的碧绿色海岛

# 科米诺岛

这是一座拒绝现代化的小岛，有原始而美丽的蓝湖、风景如画的海湾，水上水下景色优美，是一个看一眼就会被诱惑的地方。

[马耳他蓝湖]

科米诺岛又叫凯穆纳岛，位于地中海的中部，在马耳他岛和戈佐岛之间，是马耳他群岛中的第三大岛（马耳他群岛由马耳他岛、戈佐岛、科米诺岛、科米诺托岛和菲尔夫拉岛组成）。

### 小小的海岛

科米诺岛是一座乘船才能抵达的小岛，面积仅约 3 平方千米，是马耳他群岛中仅有的 3 座有人居住的岛之一，固定常住人口不足 10 人，是

[科米诺塔]

科米诺塔又称圣玛丽塔，建于 1618 年，浓浓的古典气息使它成了岛上的标志性建筑。

[ 马耳他蓝湖中的小蓝洞 ]

马耳他共和国位于欧洲南部的地中海中心，有"地中海心脏"之称，这里是闻名世界的旅游胜地，被誉为"欧洲的乡村"。

[ 水晶湾 ]

马耳他人口密度最低的地区。岛上只有一家旅馆，没有汽车和商场等。这里像未开垦的荒岛一样，四面环海，蓝色的海水由浅到深渐渐化开，自然朴素，可以眺望到远处土黄色的马耳他主岛。

### 蓝湖

马耳他是地中海中心的一个小国，拥有蓝洞、蓝窗和蓝湖这三大自然奇观，而科米诺岛则因拥有这三蓝之一的蓝湖而闻名。

蓝湖就是蓝色潟湖，位于科米诺岛与科米诺托岛之间。蓝湖的面积并不是很大，但是有白色的沙滩、蓝色的海水和丰富的海洋生物，它们与周围的怪石、溶洞融为一体，将海湾与海洋分隔，形成了一个美不胜收的海中湖泊，这是大自然的杰作。这里也是许多电影的取景地，如《特洛伊》《基督山伯爵》等都曾在此取景。

距离蓝湖几百米外的地方就是著名的水晶湾，这里的景色令人惊艳，周边是陡峭的悬崖，仿佛一块巨大的海蓝色水晶，在阳光照射下熠熠生辉。

## 海洋蓝岛

# 法亚尔岛

这是一座名副其实的蓝岛，有锥形的原始火山、湛蓝的湖水和未被开发的原生态美景。

法亚尔岛位于北大西洋，是亚速尔群岛中的一座岛屿，是葡萄牙的海外领地，首府是奥尔塔，该岛长 21.2 千米、宽 16.29 千米，开车只需 2 小时便可环岛一周。

### 名副其实的蓝岛

法亚尔岛就像是一座山，岛中心是形体完整的戈多火山，火山口最高峰约 1043 米，沿主火山口一圈有两条栈道：一条长 8 千米，另一条长 20 千米并贯穿 10 个火山口。可徒步欣赏丰富的火山地貌，站在火山口往山下看，全岛被绿植覆盖，尤其是在 6—8 月，整座岛都会沉浸在蓝色中，是一座名副其实的蓝岛。

[ 奥尔塔港口涂鸦 ]

在奥尔塔港口有一个非常奇特的景观：在港口的围堤墙壁和地上到处都是彩色涂鸦，这些涂鸦出自过往大小船只的水手之手，据说这样可以保佑他们顺风顺水，一路平安。

[ 法亚尔小海湾 ]

奥尔塔市不远的海边有多个黑色的小海湾，这里的沙砾是黑色的，海水则清澈见底。

**[连帽斗篷]**

连帽斗篷是一种传统的亚速尔服装，在亚速尔群岛流行至 20 世纪 30 年代。其主要作为外套使用，有时也被选作许多亚速尔新娘礼服的外套。亚速尔群岛连帽斗篷的剪裁和帽子的设计"因岛而异"，以法亚尔岛的设计尤其著名，斗篷有一个楔形的夸张大帽子。

如果要进入火山口，更近距离地观看火山底部，必须申请许可证，并由有执照的向导带队才可以下去，每天只限 12 人，每次停留时间最多 3 小时。

法亚尔岛上最不缺的就是火山岩，人们把火山岩切成块，作为建筑材料，这里到处都可以看到用黑色的火山岩建的房子。

**[名副其实的蓝岛]**

绣球花其实是从中国引进的，雪松是由日本引进。因为亚速尔群岛的气候格外好，阳光和雨水都很充足，土壤肥沃，所以植被长得又快又好。

据当地人介绍，1957 年戈多火山从海底爆发，整座山都被火山岩浆烧毁，岛上 300 多所房子被毁，2000 余人全部被转移。后来当地政府在山坡上大量种植绣球花和雪松，因为这里的气候格外好，阳光和雨水都很充足，土壤肥沃，植物生长很快，因此才有了如今蓝岛的美称。

### 卡培林侯斯灯塔

戈多火山在 1957 年爆发后，持续喷发了 13 个月，不仅吞没了岛上的房屋和植被，火山岩浆还使岛屿海岸线向西扩展了大约 1000 米，原本在法亚尔岛西面海岸线上的卡培林侯斯灯塔，成了一座被岩浆包裹的内陆灯塔，失去了灯塔的作用，因而被废弃。

2005 年，当地政府将卡培林侯斯灯塔改造成一座火山纪念碑，并在灯塔内建立了博物馆，在塔顶设置了眺望台。在灯塔下方有一条长达 48 千米、贯穿整岛的栈道，成了法亚尔岛的标志景点。卡培林侯斯灯塔有 140 级台阶，站在塔顶，可以俯瞰全岛的景色。

# 大西洋明珠

# 马德拉群岛

马德拉群岛素有"大西洋明珠"的美誉，被称为"欧洲的后花园"，是欧洲人的度假胜地。丘吉尔将它作为自己最爱的度假胜地，茜茜公主在这里看尽了碧海蓝天的景色，三毛也曾为它挥洒笔墨。

马德拉群岛属于葡萄牙的领地，它位于非洲西海岸外，是北大西洋中东部的一个群岛，由马德拉、圣港、波尔图桑托、德塞尔塔什、塞尔伐根等岛屿组成，其中马德拉岛是该群岛中最大的岛屿，面积达 741 平方千米，岛上的鲁伊武德桑塔纳峰海拔 1861 米，也是群岛的最高峰。

### 曾被欧洲几国反复争抢

马德拉群岛距离非洲更近，却被欧洲国家控制，不仅如此，这里还曾经被葡萄牙、西班牙、英国 3 个国家反复争夺，其间几度易手。

15 世纪初，葡萄牙人开始在马德拉群岛活动。1418 年，亨利王子派若奥·贡萨尔维斯·扎尔科和特里斯唐·瓦斯·特克塞拉到达圣港岛，第二年又登上马德拉岛。当时马德拉岛上森林密布，木材比比皆是，葡萄牙语中称木材为马德拉，该岛因此得名。亨利王子将它分封给扎尔科和特克塞拉。1580 年被西班牙人夺走，1640 年又重新落入葡萄牙人之手。1801 年被英国占领。1814 年拿破仑

这里是著名球星 C 罗的故乡，在这里你可以去寻找 C 罗姐姐的店铺，运气好或许还能遇到来此度假的 C 罗。

奥匈帝国末代皇帝卡尔一世退位后携妻儿流亡至此，死后被葬在马德拉群岛的丰沙尔附近。

在 1860—1861 年冬，奥地利皇后茜茜公主曾在这里生活了半年。

[航海家亨利王子]

据记载，亨利王子在发现马德拉群岛之后，便开始砍伐、烧毁密林（传说大火烧了 7 年），开垦了大片土地，然后从塞浦路斯和克里特岛引进了葡萄，又从西西里引进甘蔗，很快蔗糖和葡萄酒成了这里的重要贸易品。

[贩卖奴隶]

马德拉群岛所处的位置很重要，是欧洲、非洲、美洲和亚洲之间海上交通的重要枢纽，在蒸汽轮船发明前，对从欧洲去往美洲和印度的船来说，马德拉群岛是重要的中转站。马德拉群岛也是从非洲向美洲贩卖奴隶的一个重要转运站。

战争结束后，马德拉群岛又回到葡萄牙人的手中。

当时的几个海洋强国为何反复争夺这个地方呢？除了它的地理位置外，蔗糖也是其中一个原因，马德拉群岛非常适合种植甘蔗，那时候的糖价堪比黄金，蔗糖是贵族阶层甚至王室才能享用的奢侈品，如今，蔗糖和马德拉葡萄酒依然是马德拉群岛著名的特产。

### 相约 C 罗老家

马德拉岛的首府丰沙尔是这里的经济中心，街区的房屋大门都被涂上了充满艺术设计感的彩绘。丰沙尔这个名字起源于葡萄牙语"Funcho"，即茴香，因为最早被葡萄牙发现时，附近生长着很多这种植物。

这里是著名球星 C 罗（克里斯蒂亚诺·罗纳尔多）的故乡，机场就是以 C 罗的名字命名的，大厅中还有一尊 C 罗的雕像。丰沙尔市中心有个 C 罗博物馆，面积不大，只有一层，入口处是一幅由两扇滑动门组成的巨大的 C 罗的照片，穿过大门即可进入一个展厅，里面展示、珍藏着 C 罗获得的奖杯和奖牌、有队友签名的球衫和球鞋、纪念足球、珍

[马德拉丰沙尔克里斯蒂亚诺·罗纳尔多国际机场（丰沙尔机场）内的 C 罗雕像]

世界十大最危险机场之一的丰沙尔机场的跑道是从半山腰凿出的，一面是山，一面是海，飞机在起飞和降落时危险系数很大，即使出现一些很小的偏差，也可能造成机毁人亡。

[C 罗博物馆前的 C 罗雕像]

克里斯蒂亚诺·罗纳尔多，简称 C 罗，1985 年 2 月 5 日出生于葡萄牙马德拉岛的丰沙尔，职业足球运动员，司职边锋，可兼任中锋。获得过无数的奖牌。

[丰沙尔美景]

马德拉群岛有一种非常有名的带鱼，其面目狰狞，八字尾，据说整个欧洲只有这里才有这种带鱼。

马德拉群岛最有名的两种酒：一种是马德拉葡萄酒（甜酒），另一种则是遍地可见的调味酒 Poncha。

贵的照片和视频片段等。

除此之外，在丰沙尔还有很多地方与 C 罗有关，如 C 罗酒店、C 罗姐姐的店铺。

### 最美的沿海公路

丰沙尔是马德拉群岛的最大海港。这里的海滩没有细腻的海沙，所以很难看到其他海滩上那种慵懒地晒日光浴的人；这里的海边和海中遍布着棱角分明的礁石和岩块，也不适合游泳。

丰沙尔海边有一条长长的沿海公路，两边铺满了石块，可以沿着公路徒步行走，欣赏风景如画的村庄和大西洋沿岸的岛屿风光，公路一边是一望无际的海岸线，另一边的尽头是一座丰沙尔灯塔。

[通往最高峰的路标]

马德拉群岛最高峰是鲁伊武德桑塔纳峰，其海拔为 1861 米。

### 植物众多

马德拉群岛拥有繁茂且多样的植被，岛上的山中往往覆盖着密林，就如同公共花园一样，热带和地中海的植被错落有致，颜色深浅不一，形状大小各异。据说这里的植物超过 3000 种，独有的植物就有 143 种，其中马德拉岛北坡的森林还被联合国教科文组织列为世界自然遗产。

在马德拉群岛的主岛上并没有像样的沙滩，全是黑黑的礁石或人工沙滩。

丰沙尔港是欧洲、非洲、南美洲之间来往船只的燃料和淡水供应站。

绝美世界海岛

体验苍凉、野性之美

# 阿伦群岛

阿伦群岛面对着大西洋，有如刀砍斧削般的悬崖峭壁，岛民以农业和捕鱼为生，至今还保留着原始、野性的味道。

爱尔兰人是凯尔特人的后裔，凯尔特人自公元前 2000 年就生活在欧洲中部，是一个由语言文化凝聚起来的松散部族，以身材高大、作战勇猛而著称，被欧洲南部文明程度较高的民族称为蛮族，当时同样被称为蛮族的还有欧洲北部的日耳曼人。

阿伦群岛的石灰岩地面表层没有土壤，岛民用海草、细沙、农家肥混合成土壤，由此形成了一片片农田和草场。

阿伦群岛石墙的主要功能：一是防风；二是标记产权；三是天然圈养牛羊的场所。

阿伦群岛位于爱尔兰西海岸的戈尔韦湾口，是由因希莫尔、因希曼和因希埃尔这三座石灰岩岛屿组成的。其中因希莫尔最大，岛上的港口可以停泊轮船，其他两座小岛只能停泊柳条艇。

### 野性之美

登上阿伦群岛，首先迎接人们的是千年不变的海风，群岛中最精彩的人文与自然风景都在最大的因希莫尔岛上，它也是目前为止群岛中人口最稠密、游客最多的岛。

[电影《闰年》的外景地]

阿伦群岛中的因希莫尔岛的白沙滩是电影《闰年》的外景地。

[ 阿伦群岛上古老的城堡遗迹 ]
阿伦群岛上拥有4处古老的城堡、要塞遗迹，均匀地分布在各个方位。

　　这座岛上的乡村干净得一尘不染，满眼所见尽是石灰岩和交错的矮墙，每家的地界都用石灰岩砌起矮矮的围墙相隔，依势而造，层层叠叠，仿佛梯田一般。这些石头围墙皆是为了抵挡日复一日侵蚀的海风而建，在海岸线上连绵不断。

　　这里的道路崎岖不平，而且是人车混行，要想尽览美景，只能租用当地人的自行车出行。

[ 7座石砌的小教堂 ]
岛上除了风光秀美之外，其深处还有爱尔兰古老的基督教遗迹：7座石砌的小教堂，如今只剩残垣断壁。

[ 临海的悬崖 ]

[ 阿伦群岛美景 ]

[ 安格斯堡石头墙 ]
安格斯堡的历史可追溯至公元前
1000年。

### 史前堡垒——安格斯堡

阿伦群岛除了风光秀美之外，还有爱尔兰古老的基督教遗迹，由 7 座古老的小教堂的遗址组成。离这里不远处是一段缓坡，继续往前，就到达了安格斯堡，它是阿伦群岛上最大的史前堡垒，供奉的是一位叫"安格斯"的爱尔兰神。这座堡垒建于青铜时代，是爱尔兰一个重要的考古遗址。安格斯堡最内层的同心圆形墙壁，由 4 米厚、6 米高的石头墙包围，面积约为 50 平方米，将堡垒团团围住。

# 神秘的魅力海岛
# 斯德哥尔摩群岛

这里有森林茂密的小岛、怪石林立的石壁和沙滩，就像当地人说的那样："这座岛，毫无稀奇之处，可不知道有多少人专程来此喝一杯下午茶！"

[ 斯德哥尔摩群岛海景 ]

斯德哥尔摩群岛位于瑞典的东海岸，分布在南曼兰和乌普兰的海岸线上，是瑞典最大的群岛，也是波罗的海上的一个大型群岛，由 24 000 多座大小岛屿组成。

斯德哥尔摩是瑞典的首都，其市区分布在 14 座主岛和 1 座半岛上，70 余座桥梁将这些岛屿连为一体，这里既有中世纪古色古香的风貌，也有现代化城市中高楼林立的繁荣。其中市政厅在国王岛；著名的斯德哥尔摩王宫、老城区、斯德

[ 诺贝尔博物馆 ]

[ 市政厅塔尖上的金皇冠 ]

市政厅塔尖上的 3 顶金皇冠代表瑞典、丹麦、挪威三国人民的合作无间。

[ 斯德哥尔摩市政厅 ]

斯德哥尔摩市政厅建造于 1911—1923 年，历时整整 12 年，耗费 800 万块红砖。

[ 阿尔弗雷德·诺贝尔 ]

斯德哥尔摩是阿尔弗雷德·诺贝尔的故乡。从 1901 年开始，在每年 12 月 10 日的诺贝尔逝世纪念日，斯德哥尔摩音乐厅会举行隆重仪式，瑞典国王亲自给获得诺贝尔奖的人授奖，并在市政厅举行晚宴。

哥尔摩大教堂和诺贝尔博物馆在斯塔丹岛；瓦萨沉船博物馆、北欧博物馆、生命科学博物馆、斯堪森露天博物馆等则位于动物园岛。千岛之国，名副其实！

## 国王岛

国王岛位于斯德哥尔摩中心，在国王岛东端的梅拉伦湖畔，矗立着高达 105 米的市政厅，其两边临水，塔尖上有 3 顶金皇冠，整座建筑犹如一艘航行中的大船，宏伟壮丽，是斯德哥尔摩市的地标式建筑，也是整个北欧的标志性建筑，还是每年举行诺贝尔奖颁奖晚宴的地方。

国王岛上的建筑都非常大气，街道宽阔、干净，处处透出文化气息，在市政厅附近还有一座"北海草堂"，这是一片中国式园林，是我国清末维新派领袖康有为在戊戌变法失败后，流亡国外时建造的。

## 斯塔丹岛

斯德哥尔摩市的老城区位于斯塔丹岛，这里有很多古老的建筑，包括金碧辉煌的宫殿、气势不凡的教堂和高耸入云的尖塔，而且还有很多用石头铺成的狭窄街道和小巷，最窄处甚至两个人都无法并行。

斯德哥尔摩王宫

斯塔丹岛上最值得介绍的就是斯德哥尔摩王宫，这里曾经是瑞典国王的住所，如今是国王办公的地方。

斯德哥尔摩王宫是一座方形小城堡，建于17世纪，位于东方，正面朝北。正门前有两只威武的石狮子分立两旁，还有数名头戴30多厘米高的红缨军帽、身穿中世纪军服的卫兵在门前巡街。卫兵们每天中午都会举行隆重的换岗仪式，值得大家驻足欣赏。

塞尔格尔广场

塞尔格尔广场位于斯塔丹岛北边，广场中央矗立着一根水晶柱，它由8万多块玻璃组成，高约40米。水晶柱下面是一个巨大的喷水池，在阳光和灯光辉映下，水晶柱和喷泉等都会发出奇异的色彩。

广场四周是城市最繁华的商业区，被国王街、皇后街和斯维亚街包围，这里既有现代化的商业氛围，又有古色古香的韵味。

广场下面有庞大的地下商场和斯德哥尔摩地铁，该地铁全长108千米，有100个站点，其中的90余个站点被艺术装饰所覆盖，被人们称为"世界最长的地下艺术长廊"。与"以船代路"的威尼斯不同，斯德哥尔摩

[ 斯德哥尔摩老城区狭窄的小巷 ]

[ 水晶柱 ]

[ 斯德哥尔摩王宫 ]
斯德哥尔摩王宫对外开放的部分包括皇家寓所、古斯塔夫三世的珍藏博物馆、珍宝馆、王冠博物馆和皇家兵器馆。在王宫内可以观赏各种金银珠宝、精美的器皿、壁画和浮雕。

斯德哥尔摩在英语中意为"木头岛"。13世纪时，为了抵御海盗才得此名。另外还有一个说法：据说在古时梅拉伦湖上漂浮着一根巨大的木头，引导来自锡格蒂纳的第一批移民至此，建立了这座城市。

每年12月诺贝尔奖颁奖典礼后的晚宴在市政厅的"蓝色大堂"举行，大堂内的管风琴有10 270支音管，为斯堪的纳维亚地区之最。

[斯德哥尔摩大教堂]

斯德哥尔摩大教堂毗邻斯德哥尔摩王宫，大教堂的正式名称为圣尼古拉教堂，是斯德哥尔摩老城区最古老的教堂和瑞典砖砌哥特式建筑的重要例证，也是瑞典国王加冕的地方。

地铁穿过海底，四通八达，是当地的主要交通工具。

### 骑士岛：13世纪的哥特式教堂

骑士岛是斯德哥尔摩市中心的一座小岛，西面和斯德哥尔摩市政厅隔水相望。骑士岛主要的建筑就是骑士岛教堂，其建于13世纪，属于哥特式建筑，黑色的铸铁塔尖直冲云霄。骑士岛教堂最早是一座修道院，后来成为瑞典国王和贵族的墓地。在17世纪瑞典最强大的年代，这里是势力强大的骑士和贵族们居住的地方，曾经是斯德哥尔摩市的政治中心。

### 动物园岛

动物园岛不大，岛上有很多博物馆。

#### 瓦萨沉船博物馆

在动物园岛上有一座因一艘船而建的博物馆——瓦萨沉船博物馆，这是世界上唯一保存完好的17世纪的船舶。

"瓦萨"号战舰是当时的瑞典国王古斯塔夫二世为加强波罗的海舰队的实力、防御邻国的侵袭而下令建造的。由于追求极致的续航力、容量、火力及防护力，整艘船显得高大、笨重，

斯德哥尔摩综合征

1973年8月23日，两名劫匪闯入瑞典首都斯德哥尔摩的一家银行，绑架、扣押了6名职员作人质。在经过与警方一个星期的对峙后，人质获救。出人意料的是，被救的人质却对警察毫无谢意，反而有敌意，更让人无法理解的是，有一名人质竟爱上了绑匪；还有一名人质则四处筹钱，请律师为绑匪开脱罪责。

专家认为，"斯德哥尔摩综合征"是一种心理疾病，在绑架期间，人质与绑架者共同生活，人质不但不仇恨绑架者，反而对其行为产生认同感，也可称为"人质情结"。

斯德哥尔摩音乐厅建于 1926 年，遍体蓝色，因此也叫蓝色音乐厅。其入口处竖立着 10 根希腊式的石柱，被称作"距离北极圈最近的希腊神庙"。

1628 年 8 月首航时因遭遇风浪而沉没，这一沉便是 333 年，直到 1961 年瑞典当局才将其打捞上来。"瓦萨"号虽然航行历史很短，但是也正因为这样，其内部才保存得相对完好，较好地呈现了 17 世纪时瑞典人的造船技术与艺术，尤其船上的木雕的雕刻工艺至今仍令人赞赏。瑞典政府将"瓦萨"号视为国宝，为这艘船专门建造了一座博物馆，它也是北欧地区最受欢迎的博物馆之一。

### 北欧博物馆

瓦萨沉船博物馆隔壁就是北欧博物馆，这是一座展示瑞典人生活实景的博物馆，里面记载了 16 世纪以来北欧人的生活，包括从近代到现代的文化史和民族志，有瑞典房屋、服装、珠宝、家具、绘画、摄影作品等。参观完北欧博物馆，会让你对瑞典人的生活和历史有一个比较清晰的了解。

## 兰德索尔特岛

兰德索尔特岛是斯德哥尔摩群岛最南端的前哨，在海角处有一座纯白色灯塔，它有着醒目的红色塔顶，竖立在海边，这是瑞典最古老而宏伟的灯塔——兰德索尔特灯塔。兰德索尔特灯塔建造于 1651 年，1689年点亮，从此指引着南来北往的行船。

兰德索尔特岛上还有兰德索尔特教堂和神奇的迷宫、冷战时期的地下防御系统，运气好的话还能看到海鹰和海豹。

从南到北，斯德哥尔摩群岛的每一座岛屿都有自己的特色，无论是看海、潜水、垂钓，还是徒步，都能满足你！

[ 古斯塔夫三世雕像 ]

皇后岛上还有一家剧院，是古斯塔夫三世遇刺身亡的地方，因此剧院被关闭了一段时间，1922 年经整修后常举行古典剧目的演出。

[ 斯德哥尔摩地铁绘画 ]

自 20 世纪 50 年代到现在，150 多名艺术家与地铁设计师、建筑师密切合作，在斯德哥尔摩地铁中创作了 9 万多件永久和临时的艺术作品，作品形式包括雕塑、壁画、油画、装置艺术和浮雕，规模宏大，变化多样，色彩浓烈。

# 皇家度假胜地

# 怀特岛 >>>

这里气候温和，是不列颠群岛中阳光最充足的地区之一，它还有富于变化的海岸线、美丽迷人的沙滩、闪耀反光的粉白色绝壁，是一个不可多得的度假胜地。

**[海边的五彩断崖]**

怀特岛有很多海滩，每个海滩景色不同，这个海滩是彩色沙滩，沙滩的沙子呈多种色彩，背后是一座五彩断崖，在阳光下显得格外美丽。

这里文化悠久，有不少青铜时代的遗迹；在自然景观方面，有闪耀反光的粉白色绝壁、美丽迷人的沙滩，是享受假期的好去处。

怀特岛是欧洲发现恐龙化石最多的地点之一。

怀特岛位于英国南部海岸线附近，靠近英吉利海峡的北岸，与大不列颠岛隔索伦特海峡相望。怀特岛整体呈菱形，东西长 36 千米，南北宽 22 千米，面积为 381 平方千米，是英格兰的一个郡。

## 最佳的出行方式

怀特岛上有 8 个主要的城镇，分别是纽波特、桑当、尚克林、文特诺、考斯、雅茅斯、本布里奇、赖德，岛的东海岸有一条铁路，小火车像日本的电车一样，很有年代感，慢悠悠地前进，怀特岛的主要交通还是靠四通八达的公路，在岛上最佳的出行方式是骑行或徒步。

[怀特岛很有年代感的小火车]

[尼德尔斯白色岩石]

尼德尔斯白色岩石是怀特岛非常有名的一个景点，它是一片突出海岛的白色岩石礁，岩石礁最前端是一座灯塔。

### 三针石

　　怀特岛最著名的景点是岛西部在海上隆起的三块巨大的白色垩石，也叫"三针石"，从地图上看，就像细细的针尖扎到大海中。沿着狭长的半岛走到三针石的尖端，如果是适宜出海的时节，可以看到大海中大量的帆船和游艇，这里还有能直接坐到悬崖底部的缆车，悬崖底部是大片的海滩，景色相当不错。

　　1970 年的怀特岛音乐节是至今为止世界上早期最大及最有名的摇滚音乐盛事之一，实际上也被认为是全世界最大规模的一次人类聚会，有超过 60 万人次参加。

### 沿海有很多城堡

　　怀特岛的海岸很美，有被绿植包裹的悬崖、

[奥斯本宫]

奥斯本宫是皇家住所，在 1845 年和 1851 年，为维多利亚女王和阿尔伯特亲王夏季度假而修建，由阿尔伯特亲王亲自设计，是一座意大利文艺复兴风格的宫殿。维多利亚女王去世后成为皇家私人博物馆，在 1903—1921 年，被作为下级军官奥斯本皇家海军学院使用，为皇家海军的训练学院，如今它完全向公众开放。

**[卡里斯布鲁克城堡]**

卡里斯布鲁克城堡可能最早修建于罗马时代，在14世纪时期重建。1648年，克伦威尔打败了英国国王查理一世后，将被审判之前的国王关押在怀特岛这座城堡中数月。如今这座城堡中展示了查理一世被监禁期间的私人遗物、文献、照片、印刷刊物以及英格兰内战期间的部队装备等，以供游客参观。

**[怀特岛海边城堡]**

怀特岛沿海有很多城堡，而且有些因为年久失修，更有历史感。

清澈的大海和洁白的沙滩，沿海有很多几个世纪以前的城堡，如曾关押过英国国王查理一世的卡里斯布鲁克城堡，甚至连维多利亚女王和阿尔伯特亲王都在这座岛上建造了他们的度假行宫，可见怀特岛的魅力。

怀特岛还是著名的"恐龙岛"，在沙滩上发现过许多的恐龙骨头碎片，还能看到恐龙留下的足迹。

**[尼德尔斯古炮台]**

尼德尔斯古炮台是怀特岛最具标志性的建筑物之一，是第二次世界大战时期遗留下来的产物，古炮台利用海边的地理位置沿着悬崖向两侧伸出，从远处看像是一根细长的针。

# 被遗忘在角落的世外天堂

## 法罗群岛

这里有不同寻常的奇幻美景：漫长曲折的海岸线、清冽的空气和恬静的乡村风景，即使在阴霾的天色之下，也能拍到有如大片一样的风景照片。

法罗群岛位于挪威海和北大西洋中间，是丹麦的海外自治领地，由17座有人居住的岛屿和若干无人岛组成，是一个火山群岛，其海岸线曲折绵长，多峡湾和瀑布，有风景如画的山峦和与苏格兰高地相似的沼泽地。

### 海盗王国属地

亿万年前，海水凿开了欧洲大陆，法罗群岛就像被丢弃在大洋中的巨石，远离大陆，孤悬于北大西洋上。后来，远古的凯尔特人发现了法罗群岛，并登岛垦荒，这里才成为有人定居的岛屿。约公元700年，一些爱尔兰僧侣移居这里。公元800年左右，北欧海盗占领了这里，并将此地变成了殖民地。公元1000年前后，挪威国王使岛民信奉基督教。公元1035年，法罗群岛成为当时的海盗王国挪威的一个省，1380年与挪威的其他地方一

[法罗群岛的奇异地貌]

[“巨人岩”和“女巫岩”]
法罗群岛的“巨人岩”和“女巫岩”是两块屹立在惊涛骇浪中的岩石，在缥缈的云雾中若隐若现，四周荒无人烟。

**托尔斯港大教堂**

托尔斯港于 10 世纪建造，是法罗群岛的首府，位于法罗群岛南部的斯特莱默岛，第二次世界大战期间曾被英国占领（1940—1945 年），如今托尔斯港有约 1.9 万人居住。该城市的名字解作"索尔的港口"，索尔是北欧神话中雷神的名字。

托尔斯港中最有名的景点是建于 1788 年的托尔斯港大教堂，它是法罗群岛第二大教堂，也是法罗群岛最庄严的教堂之一，如今是法罗群岛主教的居住地。

法罗群岛的居民来自 80 多个不同的国家。

并转归另一个海盗王国丹麦。

如今法罗群岛上散布着许多历史遗留下来的城堡和教堂，它们和安静的小渔村、牧羊人的老房子构成了一幅美丽的乡村风景画。

### 徒步者的天堂

法罗群岛的山如被刀砍斧削过一般，有着棱角分明的悬崖；法罗群岛的水时而蓝得发黑，时而亮得发光；在山坡绿植的衬托下，显得既纯粹又自然。法罗群岛因此成了徒步者心中的天堂，官方推荐的徒步路线就有 23 条，而且每一条徒步路线都无需特别的户外经验，也不需要特别的装备，甚至连水都不用带，因为岛上到处都是溪流和瀑布，渴了可以直接饮用，比很多矿泉水都要甘甜。

**[ 徒步沿途：海上悬湖 ]**

Sorvagsvatn 湖的面积为 3.4 平方千米，是法罗群岛最大的湖泊，位于法罗群岛的瑟沃格和米沃格之间，是法罗群岛最著名的景点之一。说是湖，却非常接近大海，湖泊与海洋之间有超高落差，似悬浮于海上，所以称为海上悬湖。

[徒步沿途：萨克森瀑布]

萨克森瀑布位于法罗群岛的萨克森村，是由山脉的泉水汇聚而成溪流，再由溪流汇聚成瀑布，最后流入山坳中的小湖。

　　在这里徒步往返的时长可控制在 5 小时左右，徒步者无须担心因体力不够而忽略了沿途的美景。

[徒步沿途：戈萨达鲁尔瀑布]

戈萨达鲁尔瀑布是法罗群岛的著名景点，位于北大西洋的悬崖之上，由戈萨达鲁尔村内的小溪直接落入大西洋，成为令人难忘的瀑布奇景。

[法罗群岛奇石]

其位于托尔斯港不远处的瑟沃格，是两块海中巨石，也是法罗群岛的一处很神奇的景观，这两块石头一大一小，欧美人都给它们起了名字。

## 绵羊、三文鱼

　　法罗群岛在法罗语中就是绵羊群岛的意思，法罗群岛上有厚厚的植被，特别适合各种鸟类和其他动物生存，如今绵羊成为法罗群岛的经济支柱之一，也是岛上的一大风景。全岛有近 10 万只绵羊，几乎是当地人口的两倍，是一个名副其实的绵羊群岛，连法罗群岛的旌旗都是一只白色的羊。

　　法罗群岛虽然地理位置偏远，但是周围海水的温度常年保持在 9℃左右，冰冷清澈，强大的海流延伸到岛屿深处的峡湾中，是极好的三文鱼

[卡鲁尔灯塔]

法罗群岛北部的卡尔斯岛上有座卡鲁尔灯塔，站在灯塔上能够俯瞰 17 座岛屿的全景。

法罗人现在还保留着传统的捕鲸习俗，他们每年 2 月和 8 月都会出海捕鲸。

法罗群岛有大约 110 种不同的海鸟生存。

[绿顶小屋]

[风景如画的草原]

养殖场所，渔业在法罗群岛的经济中占重要地位，而在众多深海鱼类中，以三文鱼最出名。

### 绿顶小屋

法罗群岛在远古冰川的作用下，遍布着峡湾、瀑布、冰斗和深谷，还有风景如画的草原、沼泽和湖泊。

这里最别致的景色是在巍峨的群山和壮观的悬崖峭壁之中坐落着的一个个小小的村落。一眼望去，尽是绿色茅草屋顶的房屋，充满了童话般的色彩。据说这些绿顶小屋不仅让房子冬暖夏凉，还能抵挡雨水和狂风，更具有淳朴的审美功能，它们的历史可以追溯到 1000 多年前。

有人说法罗群岛很仙，有人说它很飒，但它的风景被许多杂志喜欢，《孤独星球》将它评为"一辈子一定要去一次的地方"，美国《国家地理》杂志则将其评为"50 座世界最美岛屿之首"。

# 最适合仰望星空的地方

## 马恩岛

　　它依偎在英格兰和爱尔兰之间的爱尔兰海中，有许多有趣的景观：未经修饰的海滩、有轨马车、电气小火车以及蒸汽火车……构成了一道亮丽的风景线。

**[马恩岛首府道格拉斯码头风景]**
道格拉斯占了马恩岛 1/3 的面积。

　　马恩岛位于英格兰和爱尔兰之间，从更精确的地理角度来看，它正处于英格兰、苏格兰、威尔士、北爱尔兰和爱尔兰的中心点。马恩岛属于不列颠群岛，有时与大不列颠岛、爱尔兰岛合称为英伦三岛。它属于英国女王，却不属于英国；能用英语，却有自己的语言；能通用英镑，也有自己独立的货币。

### 男人岛

　　马恩岛是一座呈东北—西南走向的长圆形岛屿，南北长 48 千米，宽 46 千米，面积为 572 平方千米。最早来到这里开荒的是来自北欧的男人（维京人），他们一年半载才能回家与妻儿欢聚一次。等到把岛开垦得差不多了，他们才将妻儿接到岛上共同生活。"男人岛"的

　　马恩岛在 1266 年以前名义上一直由挪威行使主权，到 1765 年才直接由英国政府管辖。

　　马恩岛和西西里岛上都有三足标志，这或许是因为马恩岛与西西里岛同样曾被诺曼人征服过，所以有相似的图案。

　　10 世纪挪威的钱币上就有这个三足标志的简化图案，那时挪威国王的领地就包括了爱尔兰的都柏林和马恩岛。

[ 巨型三足雕塑 ]

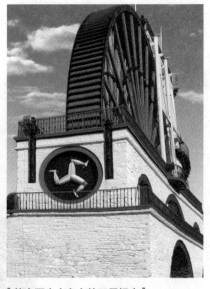

[ 莱克西大水车上的三足标志 ]

莱克西大水车是马恩岛的骄傲，曾经号称"全世界最大的水车"，为矿石运输提供动力。

名字记载着男人们的艰辛，让后代的女人们永远不要忘记男性祖先们在这片土地上洒下的辛勤汗水。马恩岛的历史可以追溯到1万年前，岛上原先居住的是凯尔特人和诺曼人的后代，在1266年以前名义上一直由挪威行使主权，到1765年才直接由英国政府管辖。

### 马恩岛三足标志

马恩岛的海岸线长160千米，人口只有8.5万人，是一个有着独特风情的"国中之国"。

如果是坐飞机来到马恩岛，出机场就能看到一座巨型三足雕塑，它出自被称为"马恩岛最著名艺术家"的布莱恩·尼尔之手。"红底三屈腿图"正是马恩岛的标志，三足分别代表太阳、权位和生命。

三足标志在欧洲历史上并不少见，如意大利的西西里岛将三屈腿图作为自己的象征。三足标志在马恩岛的最早记载是13世纪，其被用在马恩岛的曼克斯王朝国王的徽章上，当时国王的管辖地除了马恩岛外，还包括苏格兰西部外海的赫布里底群岛。公元1266年后，曼克斯王朝瓦解，三足标志一直保留下来，但是它为什么会出现在曼克斯王朝国王的徽章上就不得而知了。

[ 道格拉斯港内的灯塔 ]

[ 马恩岛硬币上的三足标志 ]

[ 马恩岛猫币 ]

马恩岛猫币是目前世界上最流行的贵金属纪念币之一，该系列的首枚猫币发行于 1988 年，从那以后每年都会发行不同的马恩岛猫币，其新颖的设计吸引了数以千万人的热烈追捧。

如今，岛上的居民早已将对三足标志的感情融入了生活的方方面面，三足岛旗和三足标志在岛上几乎随处可见，甚至连一家当地咖啡馆售卖的咖啡，奶泡上撒的可可粉都是三足的形状。

### 不见尾的无尾猫

马恩岛猫是一种奇怪的无尾猫，也是世界上唯一不长尾巴的猫种，被称为马恩岛的一大特色。

关于无尾猫还有一个传说：大洪水来临之际，诺亚根据上帝的嘱托建造了一艘巨大的方舟，目的是使部分人类和动植物躲避洪灾，结果马恩岛猫因为贪玩，没能及时登船，在洪水泛滥之际，才匆匆跃上了方舟，大家急忙关闭船舱，夹断了马恩岛猫的尾巴，从此它变成了无尾猫。

岛上关于无尾猫的传说很多，有的说在 20 世纪 30 年代，岛上发生了一场猫瘟，结果幸存的猫就没有尾巴了。还有说是由于基因突变，马恩岛猫的尾巴退化成了一个凹痕。

不管是什么原因造成的，这里的猫失去了尾巴，却受到了千万人的追捧，马恩岛猫如今成为世界八大名猫之一，还是爱德华七世最喜欢的宠物。

### "托马斯" 小火车、有轨马车

来到马恩岛，一定要体验一下岛上的蒸汽火车和电

[ 马恩岛四角山羊纪念币 ]

马恩岛的第二怪是岛上有长着四只角的山羊，样子看起来十分滑稽可笑。

马恩岛在每年 4—6 月都会举办一个著名的国际赛事：环岛摩托赛，比赛期间有很多摩托车手和摩托车迷来到这里。

[《托马斯和他的朋友们》剧照]

气小火车。这些小火车从维多利亚时代就开始投入使用，将首府道格拉斯与岛上的主要城镇联系起来。

风靡全球的动画片《托马斯和他的朋友们》正是以马恩岛上的小火车为原型，动画片中红色的"詹姆士"、绿色的"艾米丽"等小火车，和马恩岛上正在服役的蒸汽火车头一模一样。

蒸汽火车轨道是岛上最长的火车线路，从首府道格拉斯坐小火车去往其他城镇，穿梭于山丘林地、农场田园之间，看着白色的蒸汽随着小火车的轰鸣四散在一片碧绿中，的确如同进入了一个童话世界。

道格拉斯市除了有复古的小火车外，还有诱人的"有轨马车"，这些马车被装饰得非常漂亮，由一匹高达 2 米的大马拉着，在路上看到马车来了，只需招招手，马车就会停在你面前，带你去想要去的地方。

[鲁申城堡]

此外，马恩岛上还有始建于 11 世纪且有维京风格的皮尔城堡、建于 16 世纪的鲁申城堡、曾用来开采煤矿的莱克西大水车、风靡全球的 TT 摩托车赛道，还有各种博物馆，如海洋博物馆、电车博物馆和军事博物馆等。

# 与法国风情迥异的海岛
# 科西嘉岛

这里是神秘且静谧的旅行天堂，有温暖的地中海气候、清澈的海水、多样的海滨风景、丰富的物产、珍稀的植被，是拿破仑和哥伦布的故乡。

科西嘉岛位于法国东南部的地中海中，距离法国大陆 170 千米，距离意大利西北部 90 千米，是一处更靠近意大利的法国领土；其面积为 8680 平方千米，是法国最大、地中海第四大岛屿。

### 秀丽海景

科西嘉岛有蔚蓝色的海水和银白色的沙滩，不仅如此，岛上绵延的山脉随处可见，房屋依山而建，公路环山而辟，这里的村镇、宗教建筑别具一格，弥漫着法式风情。

科西嘉岛上最值得推荐的海景是位于西海岸阿雅克

**[巴隆巴热亚海滩]**

巴隆巴热亚海滩位于科西嘉岛的西北边，是一个没有被完全开发的海滩，没有公交车，只能自驾。这是科西嘉岛上最美的海滩，沙细，海水清澈，被评为"欧洲最美海滩"之一。

科西嘉岛是仅次于西西里岛、撒丁岛和塞浦路斯岛的地中海第四大岛。

科西嘉岛沿岸有热那亚共和国时期的许多防御要塞。

肖以西 12 千米处的帕拉塔角。在通往该海角的沿途是布满柠檬树、橘子树和橄榄树的宽广原野，给本来就美丽的小岛平添了不少独特的风情。

[ 帕拉塔角 ]

帕拉塔角是科西嘉岛西部曲折海岸的海角之一，遍布白色花岗岩，在这里观看日落时分的赤血群岛堪称一绝：几座岛屿笼罩在鲜艳的红色之中。

## 摩尔人标志

在科西嘉岛上随处可见一个黑人（摩尔人）的头像，这是象征自由的科西嘉岛的标志。这个头像的寓意有很多不同的说法。

1762 年，在科西嘉岛政治家巴斯夸·帕欧里的倡议下，带有白色丝带的摩尔人头部形象成了科西嘉岛的官方标志。现在，人们常会在一些法国车辆的车牌上看到这个摩尔人标志，它们就是来自科西嘉岛的车辆。

[ 科西嘉岛的标志 ]

最初这个头像中的白色丝带是蒙住了摩尔人双眼的，后来改为绑在额头上。

## 名人故里

科西嘉岛上还诞生过两位赫赫有名的大人物：一位是哥伦布，他于 1436 年出生在此岛西北角，当时属于热那亚共和国的卡尔维，由于小岛荒蛮动荡，这位发现了美洲大陆的探险家和航海家曾一度隐瞒了自己的真实出生地。

[ 斯坎多拉美景 ]

**[博尼法乔古堡]**

博尼法乔是科西嘉岛最南的城市，古城海边有一条长达 1500 米、弯弯曲曲的海岸线，与古堡城墙形成一道如画的风景。在悬崖边可以清晰地看到海那边 15 千米远的撒丁岛。

**[奇岩怪峰]**

有"欧洲张家界"之称的科西嘉岛西岸的皮亚纳山谷。

另一位则是拿破仑，他于 1769 年 8 月 15 日出生在科西嘉省首府巴斯蒂亚的阿雅克肖。阿雅克肖是一座背靠群山的天然良港，这里的每条街巷都有波拿巴家族的痕迹。

### 色彩鲜艳的巴斯蒂亚

巴斯蒂亚是科西嘉省首府，位于科西嘉岛东北沿岸，是一个繁荣的城市，富有生活气息，但绝不喧闹，很像一个缩小版的马赛，色彩鲜艳的房屋、开满各色鲜花的阳台、涂漆的百叶窗和各种历史建筑、古老的街道，错落有致地分布在山坡和老港之中。

科西嘉岛被称为"一座屹立在海中的山脉"，这里常年阳光明媚，花草繁茂，海水清澈，更有独特的海上山脉、湍急的水流和长长的白色沙滩，是一座拥有法国风情的岛屿。不论是哪个季节，都有看不完的风景，尝不完的美味。

**四叶草的传说**

在科西嘉岛，兔子象征纯洁、爱情、幸福、希望，其原因是兔子吃愿望树的叶子。

传说，科西嘉岛上曾有一棵愿望树，树上的叶子多为三片，如果有谁能在树叶中发现四片叶子，谁就会得到幸福。四叶草的寓意：一片叶子代表祈求，一片叶子代表希望，一片叶子代表爱情，最后的一片叶子代表着幸福。

**欧洲最难的一条徒步路线——GR20**

科西嘉岛上有号称欧洲最难走的一条徒步路线——GR20，沿途需要经过山峰、巨石斜坡、乱石堆，有些地方还设置了铁链以辅助攀爬。GR20 全长 200 千米，有许多地方要手脚并用才能通过。在享受徒步乐趣的同时可以领略到沿途壮、奇、险的风景，如平静的高山湖泊、荒无人烟的山峰。

# 让人忘记时间的地方

# 王子岛

王子岛地处马尔马拉海中，拥有美丽的海滩、成荫的绿树，具有浓郁的土耳其风情，曾是拜占庭帝国流放皇室成员的地方，如今是著名的避暑胜地之一。

**[查士丁二世]**

早在公元 6 世纪时，拜占庭帝国的查士丁二世就曾在王子岛上建造了一座囚宫。
查士丁二世性格内向、少言寡语，曾被内忧外患逼成了精神病人。甚至有谣传他在宫殿里吃人，最后不得不提前退位。

王子岛位于伊斯坦布尔沿岸的马尔马拉海中，由 9 座小岛组成，是拜占庭帝国时期获罪的王子或其他皇室成员的流放地；随后的奥斯曼帝国也依循此例，王子岛因而得名。这里有美丽的海滩、成荫的绿树，还有一栋栋别墅和许多保存完好的拜占庭帝国时期的教堂、修道院和清真寺，是著名的避暑胜地之一。

从 19 世纪中期开始，在伊斯坦布尔和王子岛之间就有汽船往来，许多在伊斯坦布尔经商的希腊人、犹太人、亚美尼亚人和土耳其人开

**[很精致的门牌号 212]**

王子岛家家户户的门牌都是"定制"的，结合了房主的个性和创意，显得很精致。

## [ 伊斯坦布尔 ]

伊斯坦布尔位于土耳其西北部，横跨欧洲和亚洲，是古代丝绸之路的终点。伊斯坦布尔是土耳其的第一大城堡，是拜占庭帝国时期的首都君士坦丁堡，1453 年落入奥斯曼帝国的手中，成为奥斯曼帝国首都，易名为伊斯坦布尔。

始在岛上置产，作为度假胜地，岛上因此形成了许多特殊的小型民族社区，还有大量维多利亚时期的小别墅和小洋房。

王子岛上十分安静，生活悠闲，除了警局、消防局、医院和其他特殊需要外，禁止机动车出行，可以选择乘坐马车、骑自行车或步行，不管用什么方式出行，沿途均可欣赏到精致的拜占庭和土耳其风格的建筑，可吹着微咸的海风，品尝地道的土耳其美食。

王子群岛中 4 个主要大岛为最靠近伊斯坦布尔的克纳乐岛、布日伽兹岛、海逸白利亚岛和面积最大的比于克阿达岛。

伊斯坦布尔是西方人眼里的东方，东方人眼里的西方，这座跨越欧亚大陆的城市带着一种独特的神秘感。

王子群岛中最吸引人的是比于克阿达岛（9 座岛中最大的岛），岛上的豪华别墅依山而建，错落有致地镶嵌在浓浓的绿荫之中。山顶可以俯瞰全岛及马尔马拉海，景色美不胜收。

# 来自英伦的后花园

# 泽西岛 >>>

"我们来到一个迷人的国家。一切都美妙无比。走出树林，便是一排岩石；走出花园，便是海礁；走出草地，便是大海。"法国文豪雨果曾这样评价泽西岛。

[ 泽西岛海边的木栈道 ]

泽西岛是英国三大王权属地之一，位于诺曼底半岛外海20千米处的海面上，是英吉利海峡靠近法国海岸线的海峡群岛中面积最大与人口最多的一座岛屿。雨果曾说："泽西岛作为一个流放地，它实在太美丽了，以致流亡也成了一种幸福。我住的那间白色茅屋就位于海边。透过窗子，能够看到海对岸的法兰西。"在《我的叔叔于勒》中，莫泊桑也曾提起过这座迷人的小岛。

### 独特的地理位置

泽西岛是一座人口不到10万人的小岛，离法国只有20海里，与周边两个无人岛群——曼遽尔与艾遽胡共同组成泽西行政区。其历史可以追溯到9世纪，当时

[ 泽西岛博物馆 ]

泽西岛上大大小小的博物馆很多，最具代表性的是泽西岛博物馆，馆中记述了在25万年前开始有人类到达了这座岛屿后一直到如今的历史。

在岛上定居的维京人将其命名为泽西岛。公元933年时，海峡群岛被诺曼底公爵长剑威廉吞并，成为诺曼底公国的一部分，后来其子嗣征服者威廉成为英格兰国王，海峡群岛成为英国的一部分，其中就包括泽西岛。

泽西岛在历史上分别被英国、法国与德国统治或占领过，但是长久以来，它与英国王室有着特殊而亲密的关系，因此始终与英国关系亲密，是英国的王权属地，而非英国的固有领土。

如今泽西岛是著名的国际离岸金融中心，也是英国的避税天堂，这里集结了规模达到100万亿英镑的国际金融资产，被称为隐形的富豪岛。

### 伊丽莎白城堡

在泽西岛的游艇码头不远处有一个美丽的海湾，海湾的对岸就是伊丽莎白城堡。该城堡建在一座小岛上，涨潮时就变成一座孤城，是一座岛中之岛，落潮时又与泽西岛相连，景色美得让人震惊，在城堡周围还有德国占领时的遗址。

由于泽西岛与法国的距离太近，历史上经常会受到法国军队的骚扰。1594年，当时的泽西行政区总督在泽西岛外围的这座小岛上建了一座城堡，并以伊丽莎白的名字命名。

[伊丽莎白城堡]

泽西岛最早的居民是旧石器时代生活在山洞中的原始猎人。

1940年，第二次世界大战期间，英国政府选择放弃防守海峡群岛后，该群岛成为唯一被德国军队占领的英国领土。5年之后，1945年5月9日终于赶走了入侵者，泽西岛迎来了解放。

[“握手”纪念碑]

1995年，泽西岛的救援人员在距离该岛900米的海域挽救了一艘法国客船及307名乘客和船员。为了感恩，法国人在此立了这座“握手”纪念碑。

[贝尔灯塔]

## 贝尔灯塔

贝尔灯塔也称为英之杰灯塔，位于泽西岛的西端，是岛上著名景点之一。在未建立此灯塔前，这里是一片礁石区，海水涨潮时就会被淹没，形成的暗礁经常导致过往船只触礁，夺去了数千人的生命。后来，有僧侣在礁石上安置了一座警钟，凭风吹时发出的钟声对来往船只报警，但使用不久后，这座警钟就被冲入了海中。

1800 年，时年 30 岁的工程师史蒂文森决意在这里建立一座灯塔，但他的申请没有得到英国灯塔委员会的采纳，后来由于发生了一起军舰触礁，并导致 500 名官兵死亡的事件，1806 年灯塔才终于开始动工。由于贝尔海礁全年只有两个月的时间露出海面，在这两个月的每一天又只有 4 小时的退潮阶段可以施工，所以一年只有 80 小时的施工时间，一直到 1810 年，贝尔灯塔才在史蒂文森的努力下建造完成，并于 1811 年 2 月 1 日将灯塔上的 24 盏大灯点亮。此后，这片海域再也没有发生过船难。

### 柯比灯塔

柯比灯塔位于泽西岛西南角，这里的海岸线充满了暗礁，地势险要，到处布满黄褐色的礁石，航行非常不安全，直到 1874 年柯比灯塔建成并被点亮，这里才变得安全。

柯比灯塔高 19 米，堤道将灯塔和海岸相连，涨潮时堤道会被海水淹没。它是不列颠群岛上第一座用钢筋混凝土建造的灯塔，百多年来该灯塔屹立于暴风骤雨与惊涛骇浪之中，为航船导航。

[柯比灯塔]

**玻璃教堂**

　　泽西岛有大大小小50多座教堂，最有名的要数玻璃教堂，其距离泽西岛海港不远，白色的外墙上布满一排排高大的玻璃窗，凸显它的个性。这是世界上为数不多的使用玻璃建造的教堂，教堂内的装饰处处是玻璃，有玻璃的门窗、玻璃的神像、玻璃的天使、玻璃的十字架……

[ 玻璃教堂大门 ]

　　如今贝尔灯塔依然耸立着，是世界上最远的离岸灯塔，并成为英国人评选的"世界七大奇迹"之一。

## 奥盖尔山城堡

　　奥盖尔山城堡有超过600年的历史，是欧洲现存中世纪城堡中保存最完好的一座，一直以来都保卫着泽西岛不受法国的侵犯，如今城堡内的众多房间内陈列着中世纪的宝剑、铠甲以及各种其他兵器和工艺品，城堡中有个塔楼，站在上面可以俯瞰整个港湾。

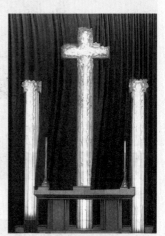

[ 玻璃教堂内的十字架 ]

[ 奥盖尔山城堡城墙上的大炮 ]

[ 奥盖尔山城堡塔楼 ]

# 黑手党老巢的神秘之美

# 西西里岛

歌德说过："如果不去西西里，就像没有到过意大利，因为在西西里你才能找到意大利的美丽之源。"

[ 西西里岛临海的古城堡 ]

[ 西西里岛的吉祥物 ]

西西里岛的吉祥物是古希腊神话中的三腿女妖，寓意西西里岛的三角形地貌。在西西里岛的纪念品商店里有这种以蛇为头发、长着天使翅膀的三腿女妖。另一种说法是三腿中间的是美杜莎。

西西里岛正好位于长靴形的意大利半岛的鞋尖地带，形状类似一个三角形，面积为 2.57 万平方千米，是地中海中最大的岛屿，被称为"地中海明珠"。

## 历史上的"金盆地"

西西里岛在地中海的商业贸易路线中占据重要地位，这里辽阔而富饶，气候温暖，风景秀丽，盛产柑橘、柠檬和油橄榄。由于其拥有发展农林业的良好自然环境，历史上被称为"金盆地"。

西西里岛曾先后被古希腊人、罗马人、拜占庭人、诺曼人、西班牙人和奥地利人等统治过，直到150 年前纳入意大利版图，因此，这里是多种文明的交汇之地，岛上到处都是历史遗迹，随处可见废

弃的古堡，将它称为一座天然的历史博物馆，一点都
不夸张，各个时期的历史建筑在这里完美地融合。

### 三种建造风格并存的巴勒莫

巴勒莫是西西里岛的首府，位于岛的西北部，是
个地形险要的天然良港。它是岛上第一大城，也是黑
手党的老巢，城中依旧可以发现"黑暗"时代的蛛丝
马迹。

巴勒莫历经多种不同宗教、文化的洗礼，这里的
建筑融合了巴洛克、诺曼、拜占庭和阿拉伯风格，其
中阿拉伯风格占据主流。它们不华丽，但很优美。意
大利文豪但丁称赞这里是"世界上最美的回教城市"。
这里著名的景点有诺曼王宫和巴勒莫大教堂等。

有位学者曾这样称赞巴勒莫："凡见过这个城市
的人，都会忍不住回头多看一眼。"歌德也曾称赞巴
勒莫是"世界上最优美的海岬"。

### 散发淳朴味道的卡塔尼亚

在西西里岛的多座城市中，地处东南海岸的卡塔
尼亚堪称"藏在深闺人未识"。卡塔尼亚不繁华，名

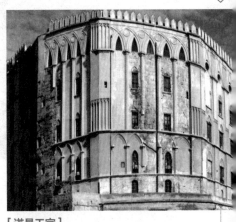

[诺曼王宫]

诺曼人在公元1072年侵占了西西里岛，
从此巴勒莫被视为西西里岛的首府，诺
曼王宫是国王的寝宫。在中世纪的一段
时间，这里是整个西西里岛的中心。诺
曼王宫是所谓的阿拉伯－诺曼－拜占庭
风格最好的实例，这种风格是3种风格
的融合体，12世纪时在西西里岛流行开
来，是如今西西里岛文化中的重要特色。

[大象喷泉]

大象喷泉是卡塔尼亚的标志之一，据传
该大象是公元8世纪一名巫师的宠物，
而上方的方尖石塔则拥有控制埃特纳火
山爆发的魔力，大象雕塑是用火山岩雕
刻而成的，象身上的那块方尖碑来自埃
及的阿斯旺。

[巴勒莫大教堂]

巴勒莫大教堂的正面建于
14—15世纪，正门的廊柱
是哥特风格，朝向广场的一
侧是加泰罗尼亚风格，被
视为建筑风格上的混合体。
巴勒莫大教堂在罗马帝国
晚期就已经存在，阿拉伯人
征服这里以后，将其改成
清真寺，诺曼人再夺回来，
改回教堂，几经改建。

[《教父》中的场景，西西里岛著名的歌剧院]

西西里岛的迷人风光不仅吸引了各国游客，同时也成了众多电影拍摄不可或缺的外景地之一，如赫赫有名的《教父》三部曲、少年的梦《西西里的美丽传说》，还有感人肺腑的《天堂电影院》等。

气也不大，却保留了西西里岛特有的淳朴味道。

卡塔尼亚是西西里岛上的第二大城市，其背靠埃特纳火山，面向爱奥尼亚海，有"南意米兰"之称。它因重要的地理位置成为西西里岛上最早被古罗马人占领的城镇，之后又被拜占庭人、阿拉伯人、诺曼人占据过。

卡塔尼亚是一座8世纪时的古城，市内以大教堂、广场为中心，有圣阿加塔大教堂、大象喷泉、比斯卡里宫、鱼市、罗马剧场和乌尔斯诺城堡等标志性景点。

[维托·卡希奥·费尔罗]

维托·卡希奥·费尔罗，意大利西西里岛人，在其不可一世的20年里，策划了200多次谋杀，但他一生中只亲手杀过一个人——警方调查员彼得·罗西诺。1900年，他带领一帮徒子徒孙远涉重洋，在美国新奥尔良登陆，然后把黑手党的火种（"黑手"为标志）留在了这座港口城市。他也是电影《教父》中的主人公原型。后来在墨索里尼铁腕剿灭黑手党的血洗行动中被捕，1927年死于狱中。

## 天上的小镇陶尔米纳

陶尔米纳面对着亚得里亚海，位于墨西拿和卡塔

### "影子政府"——黑手党

16世纪末至17世纪初，黑手党在西西里岛逐渐兴起。这时的黑手党只是由血缘联系在一起的家族体系，真正使它成为现代意义上黑社会性质组织的是西西里岛的传奇人物——维托·卡希奥·费尔罗，他使黑手党演变为西西里岛的"黑色王国"，并且在整个意大利乃至国际上名声大噪。

第一次世界大战之后，意大利的法西斯势力迅速发展，墨索里尼上台，随即开始了法西斯统治。在法西斯的独裁统治和疯狂剿灭下，黑手党这个起源于13世纪的古老黑社会组织，一度消失在人们的视线中。

如今，西西里岛的黑手党转入地下，隐藏得更深，至于街头火拼、暗杀、收取保护费等工作基本已经销声匿迹了，他们保持着低调，尽量不引起媒体和公众的注意，但依旧是西西里岛的"影子政府"，如今涉及的产业越来越高端：除了贩毒、走私军火、银行洗钱等"传统业务"之外，他们还参与了地产、石油、金融等行业。

尼亚之间，公元前400年曾是古希腊的殖民地。公元前212年又归罗马共和国管辖，现在是西西里岛上一个度假胜地。

陶尔米纳北靠悬崖，面临大海，城市建在层层山石之上，山城最高处有一座公元前2世纪罗马人建立的希腊剧场，它是西西里岛的第二大剧场，站在希腊剧场的山崖边远眺，一边是广阔、蓝色的爱奥尼亚海的海上风光，另一边是埃特纳火山的壮丽山景。

依山傍水的陶尔米纳，可以说是西西里岛最迷人、最温馨、最令人陶醉、最让人流连忘返的山城古镇！法国作家莫泊桑说过："如果有人只能在西西里待一天，他问道：我该去参观哪里？我会毫不犹豫地回答他，陶尔米纳。这个小村庄只是一个小小的景观，但其中的一切都能够让你的视觉、精神和想象尽情沉溺，享受其中。"

西西里岛因为"黑手党"而蒙上了神秘的色彩，也因为电影《西西里岛的美丽传说》增加了异样的魅力。虽然这里曾经臭名昭著，但它的美丽从未褪色。

**[埃特纳火山]**

埃特纳火山高3323米，是目前欧洲大陆最高的活火山，也是目前世界上最活跃的活火山之一。该火山周围也是西西里岛人口最稠密的地区。

**[陶尔米纳希腊剧场]**

陶尔米纳希腊剧场呈"U"形，悬浮于海天之间，是一座富有特色的希腊式剧场。大剧场的古迹戏台和观众座位依然保留，场面宏大，堪比现代的体育场。每年夏天，这里都会举办陶尔米纳国际艺术节，会上演经典意大利歌剧。

## 隐藏着的绝美海滩

# 波克罗勒岛

这里有陡峭的绝壁、美丽的海滩、低矮的灌木丛，既有普罗旺斯的全部风貌，又让人有种身处加勒比海滩之感。

[洁白的沙滩]

波克罗勒岛是法国土伦港附近的最大海岛，也是马赛大区附近最漂亮的海岛，其外形如牛角面包，岛长仅有 7 千米，最宽处仅 3 千米，因其独特的自然风光而被世界各地游客誉为"金色小岛"。

### 黄金三岛中最大的岛

波克罗勒岛是法国南部有名的黄金三岛中最大的岛。这三座岛周围波光粼粼的海水在太阳光的折射之下总是闪闪发亮，因此被称为黄金岛。

[ 波克罗勒岛上的风车与落日 ]

### 隐秘、纯净的沙滩

去波克罗勒岛只能靠摆渡的小船，而且禁止汽车上岛。游客在岛上游玩时要么步行，要么租用自行车骑行。岛上有一条登山之路，穿过葡萄园和橄榄树林，一直向南就可以登上山崖。小路的尽头便是北岛长长的海滩。如果把波克罗勒岛比作王冠上的宝石，那么这里的海滩就是这颗宝石最亮的一个刻面。海滩上的沙子白色而细腻，脚踩着十分舒服。各色陡峭的峡湾把长长的海滩分成几截，峡湾里布满了海藻，海底有各种漂亮好动的鱼群，是一个潜水者的天堂。

尼斯位于法国东南部的地中海沿岸，是仅次于巴黎的法国第二大旅游城市，也是欧洲乃至全世界最具魅力的海滨度假胜地之一。

### 法国人心中的爱情之地

与法国有关的地方总不会少了爱情的渲染，波克罗勒岛也不例外。据说，1912 年，有一位比利时富豪携新婚妻子搭船前往尼斯，途经波克罗勒岛时，周边的美景深深地吸引了他的妻子，于是这位富豪就把波克罗勒岛买了下来，送给妻子作为新婚礼物。因此，这里成了法国人心中的爱情之地。如今，波克罗勒岛的大部分土地已被当地政府收回，成为不可多得的度假之地。

# 曾经的海盗大本营

# 罗阿坦岛

这里就像一个遗世独立的乐园，树影婆娑、绿叶撩人，海水如水晶般清澈闪亮，更拥有美洲最美丽的沙滩之一，被誉为"中美洲的天堂"。

[罗阿坦岛美景]

洪都拉斯是中美洲山脉地形最显著的国家，适合种植咖啡和香蕉，其白银的蕴藏量居中美洲首位。

加勒比人最早遭受西班牙、葡萄牙等殖民者的掠夺和屠杀，他们勇猛善战，长期与外来入侵者战斗，他们盘踞大海，隐匿于海岛中，总会在殖民者稍有不慎时给予重击，罗阿坦岛就是这些海盗的藏身之处。

罗阿坦岛属于洪都拉斯，位于其正北面的加勒比海上，东西长 60 千米，南北宽不足 8 千米，形如细长碧绿的刀豆荚，拥有世界上第二大的珊瑚礁群，是美洲十大旅游景点之一，每年都有数以万计的人来此度假，被誉为"中美洲的天堂"。

## 海盗大本营

洪都拉斯海域的地形复杂，传说 1502 年哥伦布航海到这里时，差点因风暴而丢命，因此将其取名为洪都拉斯（意为"无底深渊"）。16 世纪时，这里沦为西班牙殖民地，此后洪都拉斯人经历了漫长的反抗殖民运动，不堪被殖民的洪都拉斯人与加勒比海盗在罗阿坦岛上组成了上百个海盗团，其中包括有名的海盗王摩根船长，他们劫掠过往的西班牙商船，获得了大量的财富，并藏匿于罗阿坦岛的珊瑚礁丛中。据传说，在 20 世纪的时候，有探宝者在岛上发现了一些摩根船长的宝藏，这让罗阿坦岛更增添了几分神秘感。这座小岛也因此被称为海盗岛。

[海盗王摩根船长]

亨利·摩根（1635—1688 年），威尔士海盗，17 世纪侵掠西属加勒比海殖民地最著名的海盗之一，晚年成为牙买加总督。

### 罗阿坦镇

罗阿坦镇是罗阿坦岛的首府，是个只有 2 万多人的小镇，街道两旁的建筑大部分都是殖民时期建造的，在镇中心有个地标建筑——钟塔，四面镶嵌着大钟，钟塔一侧竖有一个标牌，为"联合国保护标记"，旁边有一个持枪卫兵把守。

小镇上的咖啡厅、商铺、手工艺品商店、餐馆一家挨一家，挤满了从欧洲来的旅客，生意非常火爆。

在洪都拉斯海域中，包括罗阿坦岛在内的海湾群岛一度被英国占据。按此推论，罗阿坦岛上的海盗团伙或许是被英国操控的，因为在 17—18 世纪期间，英国女王伊丽莎白一世大肆颁发劫掠许可证（说简单点就是海盗许可证，奉旨抢劫），而且当时西班牙与英国之间战火不断。

[小镇海边水屋]

[ 罗阿坦岛美景 ]

[ 岛上原住民玛雅人形象雕塑 ]

洪都拉斯最早的居民是古代玛雅人，因此又被誉为加勒比海上的"玛雅明珠"。

## 潜水胜地

罗阿坦岛拥有极其美丽的沙滩，其纯白色的细沙和清澈的海水，让沙滩笼罩在恍若绿珍珠的颜色里。在这里可以冲浪、钓鱼、在海滩上骑马、观看或学习传统歌舞等，更可以乘坐独特的半潜式玻璃船饱览水下景观。

罗阿坦岛海域有很多沉船，不知道这些沉船是否来自曾经的海盗时期。这些锈迹斑斑的沉船，有的全部没入海底，有的则搁浅在海岸，沉船周边的水下有无数色彩斑斓的珊瑚和各种生物，海底还有荧光鱼，在晚上会发出荧光。无论是在此潜水，还是深海垂钓都是不错的选择。

[ 罗阿坦岛海域的众多沉船 ]

# 现代美景与遗迹并存

# 圣托马斯岛

这里的现代美景与殖民地遗迹并存，是历史爱好者与探险爱好者的天堂。这里的海滩还入选了美国《国家地理》杂志评选的"全球最美的十大海滩"。

　　★ ★

圣托马斯岛也称为圣汤玛斯岛，是以丹麦国王腓特烈五世的王后的名字命名的。它是加勒比海东部美属维尔京群岛的主要岛屿，是一座火山岛，长19千米，宽约5千米，面积为83平方千米。

> 圣托马斯岛上没有水井，饮用水由波多黎各用驳船运来，并辅以集贮雨水和淡化海水，但仍不敷所需，公用水问题已成为发展的严重障碍。

### 美国的海军基地

1493年，哥伦布第二次航行美洲时发现了这座岛屿，之后这座岛屿就长期成为列强们的猎物，先后被西班牙、荷兰、丹麦和英国等国家反复争夺，多次易手。1917年，美国以2500万美元的价格从丹麦购入，从此这里成为美国在加勒比海的海军基地。

### 世界免税之都

圣托马斯岛上的城镇并不繁荣，其主要的城市就是首府夏洛特阿马利亚市，也是岛上最繁华的地方，在它的主要街道上有超过400家免税商店，这里也因此被誉为"世界免税之都"。在这些商店里可以购买到各类奢侈品，除了免税外，还打折，甚至还能讨价还价。市内还有50多家购物中心，销售各种旅游纪念品等，因此圣托马斯岛被欧洲人称为世界上最便宜的购物之地。

[圣托马斯岛解放公园]

该公园不大，是为了纪念丹麦西印度群岛的奴隶解放而建立的。18世纪时，这里曾为西半球最大的奴隶贩运港之一。该雕像是丹麦国王克里斯蒂安九世的半身塑像。

**[ 克里斯蒂安堡 ]**

克里斯蒂安堡是岛上历史最悠久的建筑，1672 年丹麦第二远征军来到圣托马斯岛，然后开始建设这座基督教堡垒。目前是圣托马斯博物馆，拥有丹麦时期的文物和艺术品。

> 在圣托马斯岛海域潜水或在沙滩上休闲的人们应注意安全，因为岛周边海域有非常多的食鱼蛇（灰水蛇）。

## 最动人的美景

圣托马斯岛由一条崎岖的山脉贯穿东西，最高点海拔 474 米，有众多徒步路线，沿途可以欣赏到各种动植物。山脉中最有名的景点是 457 米处的圣彼得山峰观景平台，可以乘坐山脉南部的缆车——圣托马斯高空缆车，登上观景平台，在高空中可以俯瞰整条山脉、岛屿南部海岸线上的首府夏洛特阿马利亚市区和海湾最动人的美景。

## 梅根海滩——全球最美的十大海滩

梅根海滩紧邻夏洛特阿马利亚市，是一个被 "U" 形海湾包裹的海滩，周围多座小岛阻断了从大西洋涌来

**[ 整个海湾和岛屿的美景一览无余 ]**

[水底珊瑚]

[黑胡子城堡]

黑胡子城堡建于 1679 年，是圣托马斯岛上一个用于防守要塞的瞭望塔。

的汹涌浪潮，使海湾终年风平浪静，其有长达 2000 米、羽毛状的银白色沙滩，沙滩上有众多椰树，这里入选了美国《国家地理》杂志评选的"全球最美的十大海滩"，同时被评为"世界十大富人最喜欢的度假地"。

### 潜水天堂

圣托马斯岛海域有 500 多种鱼类、40 多种珊瑚和数百种无脊椎动物，是潜水者的天堂。整个海域有众多的潜点，如珊瑚世界海洋公园潜点、沉船潜点、海滩礁石周边潜点等，不管是深潜还是浮潜都各具特色。除此之外，很多小岛岩石边也有众多珊瑚和水下生物，也是重要的浮潜之地。

珊瑚世界海洋公园的水下 9 米深处建有观景台，以及包含 21 座水族馆的海洋花园走廊，给不会潜水的人提供了欣赏海底生物的机会。

### 无处不在的蜥蜴

圣托马斯岛的群山覆盖着浓密的雨林，是众多动物的天然栖息地，其中蜥蜴更是无处不在，它们悠闲自得，不会躲避路人，在路边、沙滩、草地、树干和岩缝等地随处可见，甚至会出现在游客的餐桌下面。

[海滩礁石浮潜]

# 泉水之岛

# 牙买加岛

这里曾经臭名远扬，被称为"世界上最邪恶的城市"，如今依旧贫穷落后，但是，这并不能掩盖它的美丽，这里有数量众多的飞泉、瀑布，有许多千姿百态的岩洞，以及热带风情浓郁的海滩。

**[玫瑰庄园]**

玫瑰庄园是牙买加总督约翰·派马和他的妻子于1770年兴建的。这座庄园坐落在海边，庄园内保存了许多来自中国的字画和陶瓷，几乎每个房间都有中国元素的物品作装饰，周围绿化的园庭更是美如画。庄园内还建有高尔夫球场。关于这个庄园有个神秘的故事：相传，其第二任女主人"白女巫"帕尔默·安妮是个既美丽又暴力的奴隶主，她在庄园内杀害了无数的奴隶和她的三任丈夫，最后在29岁的时候被自己的情夫所杀，传说她死后，灵魂不愿离去，还在庄园里游荡。

牙买加是中美洲加勒比海上的一个岛国，面积10 991平方千米。牙买加岛是加勒比海地区最大的英联邦岛屿，也是加勒比海上仅次于古巴岛和海地岛的第三大岛。这里地处热带，沿海是一些平原，内陆则多为山地，而且常被飓风肆掠。

## 水和树木之地

"牙买加"这个名字源自阿拉瓦克语"Xaymaca"，意为"水和树木之地"。从公元前5世纪开始，这里就是印第安人阿拉瓦克族的居住地。1494年哥伦布抵达该岛，1509年沦为西班牙的殖民地，岛上的阿拉瓦克人逐渐因为西班牙人的残酷统治而灭绝。之后，西班牙殖民者从非洲运来大量的黑奴，他们逐渐成为牙买加岛上的主要民族。

从16世纪后期开始，牙买加岛多次遭到法国、英国和荷兰等国家的海盗袭击。1670年，西班牙将此地割让给了英国，牙买加岛成了英国的殖民地和加勒比海周边的海盗中心之一。牙买加岛在英国人的经营下，成了世界上著名的蔗糖、朗姆酒和咖啡产地。1962年8月6日，牙买加宣告独立，随后加盟英联邦。

## 金斯敦市

牙买加的首都金斯敦市位于岛屿的南部，是牙买加最大的城市，也是牙买加的政治、经济和文化中心，市中心有广场、议会大厦、圣托马斯教堂、博物馆等，城东端有罗克福德古堡。金斯敦港是全球第七大天然港口。

岛上的城市皇家港在 17 世纪中期是活跃在加勒比海地区的英国海盗的大本营，被称为"世界上最邪恶的城市"。后来因地震摧毁了海港内的大部分建筑，幸存者遂迁往金斯敦市现在所在地，皇家港从此逐渐没落，如今已经沦为金斯敦市边上的小渔村。

金斯敦市是一座幽静的城市，它三面临海，一面傍山，被绿色的热带花草树木环抱，蔚蓝色的海水、美丽的沙滩更增添了这座城市的魅力。

除了金斯敦市之外，牙买加还有蒙坦戈贝和西班牙镇等重要城市。

## 蓝山咖啡

金斯敦市北侧即是牙买加岛东部绵延约 50 千米的蓝山山脉，该山脉有众多海拔 1500 米以上的山峰，其中蓝山峰是全国最高峰，海拔为 2256 米。蓝山山脉雨量充沛，热带森林茂密，群山上笼罩着浓雾，是徒步者最喜欢到访的地方，相传当年英国士兵登陆牙买加岛时曾惊呼："看，蓝色的山！"蓝山山脉由此得名。

在蓝山山脉的山坡上有大量的咖啡种植园，其中最有名的是"蓝山咖啡"，每年产量的 90% 被各国王室及富豪们垄断，真正流通的只有 10%，它"集所有好咖啡的品质于一身"，被誉为咖啡世界中的"完美咖啡"。

蓝山山脉不仅有优美的山林景色，更因是蓝

[ 阿普尔顿朗姆酒庄园 ]

阿普尔顿朗姆酒庄园是牙买加最大、最古老的酿酒厂，自 1749 年开始就在调配牙买加最著名的朗姆酒。

[ 皇家港废墟上的骷髅头标志 ]

这个骷髅头标志似乎证明这里曾经是一座邪恶的城市，有大量英国的海盗在此出没。

牙买加首都金斯敦南部的治安不是很好，风景也不如北部地区，所以如果只是为了享受风景，主要还是去北部。

[达芳大宅门牌]

达芳大宅是加勒比海第一位黑人亿万富翁乔治·史提贝于 1881 年修建的，曾是他的豪华住宅，现为金斯敦市的美食城和购物中心。

[邓斯河瀑布]

邓斯河瀑布位于牙买加的蒙坦戈贝，是加勒比海唯一的一个临海瀑布，全长 180 米，攀登者可以手牵手一层层向上爬，瀑布水质为矿泉水，有滋润皮肤的功效。

> 牙买加的西班牙镇是一座很古老的城市，始建于 1525 年，1692—1872 年曾是牙买加首府，城内有大教堂（1655 年建）、古皇宫（1762 年建）遗迹以及纪念馆、议会大厦、法院大厦等古老建筑。还有 1910 年成立的牙买加农业学校。

[阿基果]

阿基果又称"西非荔枝果"，被誉为牙买加的国果。阿基果烩咸鱼是牙买加的国菜，也是早餐的首选。美国《国家地理》杂志评出的"世界最受欢迎的十大国菜"中，阿基果烩咸鱼以其美味和知名度名列第二位。

山咖啡的产地而成为所有咖啡爱好者心中的向往之地。

## 泉水之岛

"牙买加，牙买加，这个泉水凉凉、河水盈盈的美丽富饶的国家……"正如这首牙买加民歌所唱，牙买加岛上几乎到处都有清泉，凉凉的泉水从山间谷地、崖壁裂缝中流出。

牙买加岛上有广阔的石灰岩高原，主要分布在岛的中部和西部，境内多高山和幽谷。数不清、如蜂窝般的石灰岩溶洞遍布其间，还有一些又大又深的下陷洞穴。

牙买加岛属于热带雨林气候，炎热多雨，年降水量达 2000 毫米。雨水渗进地下裂隙和洞穴，由于山体的落差，这些水经过石灰岩的过滤，最后变成泉水喷涌而出，汇聚成无数的河流和山涧。全岛大大小小的河流不下几百条，而且各有特色，有黑河、白河、大河、宽河、铜河、牛奶河、香蕉河等，编织成一个巨大的水网，网住了全岛，因此牙买加岛又被称为"泉水之岛"。

## 牙买加岛的海滩，总有一个是你的 Style

在牙买加岛 1220 千米长的海岸线上，分布着许多海滩，如七英里海滩、医生洞穴海滩、海盗海滩、克拉伦斯堡海滩、雷鬼海滩和波士顿海滩等。

[七英里海滩]

七英里海滩位于牙买加的第二大城市蒙坦戈贝。

七英里海滩：远离尘嚣，比较安静，已被列入"世界十大著名海滩"，约 24 千米长，而且还划出了专门的天体浴场。

医生洞穴海滩：这是个隐蔽的海滩，沙滩有点发红，传说在 20 世纪 20 年代，有一位著名的英国骨科医生在这里游泳后，宣称这里的水有治疗作用，因此名声大振。如今这片区域成了牙买加岛最受外国游客欢迎的地方。

海盗海滩：也叫死角海滩，地形狭窄，人烟稀少，古时候这里常有海盗出没，海湾以美丽落日而出名。

克拉伦斯堡海滩：面积比较大，达 16 公顷，是家庭游玩和野餐的热门之地，而且这里还常会举办雷鬼音乐演出、篝火晚会和其他各种演出，沙滩上有特设烧烤和各种美食，是一个狂欢的好去处。

雷鬼海滩：海岸两边有陡峭的悬崖，悬崖之下是黄色沙滩，这里是绝佳的浮潜地点，同时还是雷鬼音乐的乐土，时常举办喧闹的音乐盛会。

波士顿海滩：这个海滩也被称为"牙买加最美味的海滩"，出产当地口味最辣、最美味的烟熏烤肉。另外这里的风浪较大，是冲浪爱好者的天堂。

牙买加岛的海滩各有特色，但都拥有干净的沙滩，面朝着深蓝色宝石般瑰丽的清澈海域，海底遍布扇形珊瑚和五颜六色的小丑鱼，大部分海滩是绝佳的浮潜、冲浪等休闲度假胜地。

[鲍勃·马利]

鲍勃·马利（1945—1981 年）是牙买加国宝级别的名人，被称为雷鬼音乐鼻祖，雷鬼音乐对现代音乐的演化形成有着举足轻重的地位，但凡懂点摇滚的都应该知道他。

# 天堂在这里

# 费尔南多－迪诺罗尼亚岛 :•:•:•:•

这里获得了许多赞誉，如"全球五大蜜月胜地""全球十大潜水胜地""世界九大最佳拍摄地"等，是一个让人大开眼界的地方。

**[费岛最高峰]**

这是费岛海边的一块光秃秃的巨石，是岛上最高峰，顶部无人能到达。

费尔南多－迪诺罗尼亚岛简称费岛，是一座火山岛，离巴西本土 545 千米，由 20 座小岛组成，总面积为 26 平方千米，是巴西最美丽和保护得最完美的景区之一。

1503 年 8 月，在葡萄牙贵族费尔南多·迪诺罗尼亚的资助下，航海家阿麦里克·瓦斯普西奥在巴西东北部的附近海域发现了这个群岛，他在登上了这个群岛后惊叹"天堂在这里"，并以费尔南多·迪诺罗尼亚的名字命名了该群岛。

费尔南多－迪诺罗尼亚岛的主岛面积为 18.4 平方千米，常住人口大约 3000 人，他们对外人非常友好。这里远离大城市，不像巴西本土那么乱，治安非常好，甚至达到夜不闭户、路不拾遗的程度。

**[被群山环抱的海滩]**

　　岛上的经济并不发达，只有一条贯穿全岛的柏油路和一些石头铺成的路，出行主要靠雇用摩的、租用摩托或骑马。

　　费尔南多－迪诺罗尼亚岛上有 16 个海滩，海边有众多的巨石和岩礁，海水清澈透明，能见度达 40 米。可从岛屿东北部的码头乘坐游艇绕岛屿航行，整个海岛景色尽收眼底。

[长嘴海豚]

　　费尔南多－迪诺罗尼亚岛周围的海洋生物种类繁多，有 15 种珊瑚以及海绵、海藻、海龟、海豚和鲨鱼，整个海域到处都是潜点，特别是猪湾和港船更是有名的潜点。岛西南部的海豚湾是人类所知的唯一有长嘴海豚定期造访的海湾。

　　费尔南多－迪诺罗尼亚岛的美景让人向往，但是巴西政府限制每天只允许 500 人登岛过夜，而且这里的交通极其不便，绝大部分人都望而却步。岛上的一切被以一种谨慎的态度，小心地展示着独有的神秘……

　　因费岛远离大陆，所以该岛曾经被作为普通囚犯与政治犯的关押地。

　　在入境费岛前，首先要交纳环境保护税，凡外地人都要按天数递增交纳。

# 加勒比海的世外桃源

# 安提瓜岛

安提瓜岛拥有绵长蜿蜒的海岸线、碧蓝晶莹的海水、植被茂盛的热带雨林和斑驳沧桑的历史古建筑，被誉为"北美的后花园"。

**[双塔钟楼]**

双塔钟楼位于安提瓜岛的首府圣约翰，是英国乔治王朝时代风格的建筑，雄伟壮观，是圣约翰当之无愧的城标。

特别提醒：安提瓜岛对中国公民免签 30 天。

安提瓜岛位于加勒比海小安的列斯群岛的北部，是全球最小的国家之一——安提瓜和巴布达的主岛。安提瓜和巴布达由安提瓜（石灰岩岛屿）、巴布达（珊瑚岛）和无人居住的雷东达岛组成，国土总面积 442.6 平方千米，仅有约 10 万人。如今，巴布达因曾遭遇了几十年不遇的飓风，导致整座岛被摧毁，所以几乎所有人都搬到了主岛安提瓜去生活了。国民收入主要依靠旅游业、渔业和农业。

## 哥伦布命名

1493 年，哥伦布第二次航行美洲时，以西班牙塞维利亚的安提瓜教堂命名了安提瓜岛。该岛曾先后遭西班牙和法国殖民者入

**[安提瓜岛最著名的风景：魔鬼桥]**

魔鬼桥巨浪翻涌，海风呼啸，蔚为壮观。它是一座因海水冲刷而形成的天然石灰岩拱桥。传说在殖民时期，大量被贩卖至此的黑奴因不堪忍受奴隶主的压迫而在此结束了自己的生命，所以人们称此地为"魔鬼桥"。

侵，1632年被英国占领。1981年宣布独立，成为英联邦国家。如今该岛上还保存有大量西班牙和英国殖民时期的建筑。

## 名流汇聚

安提瓜的面积并不大，却是一个受欧洲和北美富豪追捧的地方。比如：英国的戴安娜王妃在生前，每年都会带小王子来安提瓜度假；阿玛尼的创始人乔治·阿玛尼在这里购入海景豪宅；曾获得18座格莱美奖的音乐家埃里克·帕特里克·克莱普顿在岛上有豪宅；美国著名脱口秀女王奥普拉在安提瓜岛有一座挨着加勒比海的私人别墅；好莱坞动作明星施瓦辛格曾在这座岛上与他的妻子举行浪漫婚礼。

除了这些名流外，在安提瓜还经常能偶遇好莱坞的一线明星罗伯特·德尼罗、澳大利亚赌王詹姆斯·帕克、意大利前总理贝卢斯科尼，或者是迪拜的王爷们……

## 粉色沙滩

安提瓜岛上有365个婀娜迷人的海滩，还有很多幽静的海湾，可乘坐观光船去这些地方游览。

其中，粉色沙滩是最吸引游客的地方。据说戴安娜王妃的最爱就是这个让人少女心爆棚的神秘沙滩，施瓦辛格也是在这个美丽的沙滩上举行的婚礼。

粉色海滩位于安提瓜西岸延绵的海岸线上，海滩上覆盖着粉色细沙，它是粉色

[私密的小海湾]

[风车遗址]

"贝蒂的希望"是1674年建造的第一个甘蔗种植园的遗址。现在这里只剩下石头造的风车遗址，周围已经被荒草覆盖。

[粉色沙滩]

贝壳、螺类碎屑经常年的风化而形成的，与蓝色的海水组成了一幅犹如梦境的图画。

除此之外，安提瓜岛海域还有缤纷多彩的神奇海底世界、千帆停泊的海港码头、巨浪翻滚的天然岩石桥梁。

### 圣约翰

安提瓜和巴布达划分为6个区，分别是圣约翰、圣彼得、圣乔治、圣菲利普、圣玛丽、圣保罗。圣约翰是安提瓜和巴布达的首都及最大的城市，也是政治、经济、文化中心。全国半数以上的人口都生活在圣约翰，港口旁边的免税购物中心即是这个城市的中心。

安提瓜岛除了有迷人的海滩之外，还有植被茂盛的热带雨林、喷薄着岩浆和蒸汽的富埃戈火山口、斑驳沧桑的历史古建筑、璀璨浪漫的星河夜色、美味的朗姆酒和丰盛的海鲜。

安提瓜岛是加勒比海上的一颗明珠，也是一个低调高贵、简洁奢华的度假胜地，一年四季有无数游客从世界各地来到这里。

**[圣约翰大教堂]**

圣约翰大教堂位于圣约翰，最早建于1683年，是一座木制礼拜堂，曾在火灾中毁坏，于1745年重新在原址上建造了砖石结构的教堂，1843年，教堂在地震中又被毁坏，1845年再次修建，也就是如今能看到的模样。

**[詹姆斯堡垒上的大炮]**

在被英国、西班牙、葡萄牙、法国、荷兰统治过的安提瓜岛上，曾经有过20多座堡垒，詹姆斯堡垒是其中最大的，其始建于1706年，最早的时候有16个炮台，如今只剩下10个了。

# 最小的分属两国的岛屿

# 圣马丁岛

圣马丁岛是世界上最小的分属两国的岛屿，不仅有白沙、碧海、椰林，还可以在这里体验飞机探头而过的惊险与刺激。

圣马丁岛位于加勒比海，在小安的列斯群岛中向风群岛的北端，是一座以山地、丘陵为主的海岛。其面积为 87 平方千米，就是这样一座弹丸小岛，却是世界上最小的分属两国的岛屿，其中南部面积 34 平方千米，属于荷兰；北部面积 53 平方千米，是法国的直辖海外领地。

### 分界线确定得有些儿戏

哥伦布在 1493 年第二次横渡大西洋时发现了圣马丁岛，当时正是圣马丁节，因此他以圣马丁命名该岛。后来，法国和荷兰相继在岛上建立了据点，并且双方发生多次战争，都想将对方驱逐，均未能奏效，于是 1648 年两国签署了分治圣马丁岛的协议。

### 法国的酒烈，所以占地多

据说两国在确定岛上的分界线时还有个故事：

**[ 传说中的牡蛎塘 ]**

传说法国和荷兰两国的分界线是从圣马丁岛东端的牡蛎塘开始的。

**[ 两国分界线上的界碑 ]**

[马里戈特码头]

两国约定由双方的士兵从岛屿东面的牡蛎塘分别向南、北绕岛行军，两军相遇的地方即分界线。在出行前，荷兰士兵喝了杜松子酒和淡啤，法国士兵则喝了康杰白兰地和白酒。因为法国士兵喝的酒比较烈，比荷兰士兵兴奋，因此跑得快，所以多占了疆域。

**荷兰人被女人缠住了**

关于分界线的确立还有个故事：据说狡猾的法国人让自己的情人们去迷倒了荷兰人，因此使荷兰人浪费了时间，结果占地就少了。

自此，圣马丁岛保持和平友好、两国分治的状态 300 多年了。

## 没有任何守卫的分界线

在圣马丁岛边界上有一座纪念碑，它是在 1948 年纪念小岛和平分治 300 周年时竖立的。纪念碑四周飘扬着四面旗帜，分别是荷兰国旗、法国国旗、荷属安的列斯旗和圣马丁联合管理旗。

圣马丁岛的荷法边界没有任何守卫，任何人穿越都不需要手续，这是世界上绝无仅有的，因此旅行中在两国间切换毫无感觉。

圣马丁岛不大，所以城市都很小，能拿得出手的就是两国在岛上的首府了。

## 法属马里戈特

马里戈特位于沿海处的海湾内，是法属圣马丁岛的首府，这里有停靠游轮的皇家海滨码头和停靠国际客轮的航海人轮渡码头。沿着码头的自由大道一直往上走，就是当地有名的圣路易斯城堡，这里曾经是个军事堡垒，如今已经成为一座见证历史的博物馆。

马里戈特是一座有着浓浓法国风情的小镇，街边多是低矮的木房，

[圣路易斯城堡]

木房的屋顶常有一个超大的阳台，外墙涂有亮丽多彩的油漆，显得格外的浪漫。

### 荷属菲利普斯堡

菲利普斯堡是荷属圣马丁岛的首府，它比马里戈特略大和繁华，市中心是赛勒斯·沃西广场，广场不远处有两条步行街，即前街和后街，它们紧靠大湾沙滩，街上几乎全是殖民时期风格的建筑，而且商业氛围浓厚，是圣马丁岛最热闹的地方。

[赛勒斯·沃西广场]

### 东方沙滩

东方沙滩（法属）是圣马丁岛上最长的沙滩，这里的海水清澈透明，水色层次分明，几千米长的沙滩仿佛被人为分成两段：一段是细白的沙滩，一段是裹着海草的岩石海床。整个沙滩确实被人为地分割成公共海滩区和天体海滩区。公共海滩区对所有游客开放，酒吧、酒店及度假村基本上都集中在这边；天体海滩区设有专人管理，这与其他开放式裸体沙滩不同，有"加勒比海最佳裸体沙滩"的美誉。东方沙滩是一个不可多得的复合式海滩，是游泳、冲浪、划船、钓鱼、潜水等休闲活动的天堂。

圣马丁岛上的法属海滩还有很多，如格兰德凯斯海滩、快乐湾海滩、荨麻湾海滩、红海

[东方沙滩]

[朱丽安娜公主国际机场]

与马霍海滩只隔一道铁丝网的朱丽安娜公主
国际机场。

[东方沙滩公共海滩区]

公共海滩区有酒吧、咖啡厅等，而天体海滩
区就相对安静很多。

湾海滩、李子湾海滩、长湾海滩等，个个都是顶级的度假海滩。

### 世界上最危险的海滩：马霍海滩

荷属圣马丁岛上的沙滩不如法属的多，也没有如东方沙滩（法属）那样的天体海滩，不过，荷属圣马丁岛上除了有美丽的大湾沙滩外，还有惊险刺激的马霍海滩，同样引人注目。

马霍海滩不大，因位于朱丽安娜公主国际机场（荷属）跑道下方而出名，每当飞机起飞或降落时，飞机从头顶而过后喷射的气流震撼人心，因此被称为"世界上最危险的海滩"，吸引了大量来此与飞机近距离拍照的游客。甚至不少人来圣马丁岛，就是专门冲着在这个海滩上体验飞机探头而过的惊险与刺激的，这里成了人们猎奇和休闲的热门地，而旁边比它大几倍的辛普森湾海滩反倒有点冷清。

### 世界上最危险的机场之一

马霍海滩出名完全是源于朱丽安娜公主国际机场，虽然岛上还有一座法属的埃斯佩兰斯机场，但是朱丽安娜公主国际机场是岛上唯一的国际机场，也是加勒比海东部第二大繁忙的机场。它拥有世界上最可怕的机场跑道，跑道只有 2301 米长，与机场下方的马霍海滩仅仅只有一道铁丝网相隔，而且离海滩的高度只有 10～20 米。每次飞机起飞或降落，都让人心惊胆战，无比刺激，所以这里被称作"世界上最危险的机场"之一。

圣马丁岛上有几十个美丽的海滩，吸引着全球各地的无数游客来此休闲度假，每年来这座小岛旅游的游客超过 100 万人次。旅游业因此成了圣马丁岛上的支柱产业和居民的主要经济来源。

## 美国历史建筑最集中的地方

# 南塔克特岛 ›››·

在文学名著《白鲸》中曾这样描述："拿出你的地图看看这座岛，看看它是不是真正的天涯海角；它离海岸那么远，绝世独立，甚至比艾迪斯通灯塔还要孤单。"这里就是南塔克特岛，是美国历史建筑最集中的地方。

[ 南塔克特海滩 ]

南塔克特岛位于美国马萨诸塞州南部鳕鱼角（科德角）以南约48千米的海上，是一座面积约200平方千米的小岛，与马萨诸塞州（简称"麻省"或"麻州"）的另一座岛屿马萨葡萄园岛一样，是一个极佳的避暑胜地，也是美国的名流热衷于度假和购买度假别墅的地方。

### 天然雕饰的美

在马萨诸塞州的鳕鱼角乘坐摆渡游轮，在海上航行1小时后即可抵达南塔克特岛。

[ 岛上的豪华别墅 ]

南塔克特岛上的房价在麻省乃至全美国都是最高的。

[ 南塔克特岛上最古老的监狱之一 ]

该监狱建于 1806 年，是美国历史上至今存留下来的最古老的监狱之一。

[ 岛上古老的路灯 ]

南塔克特岛呈半月形，村庄安居在内陆，一条沙带保护着绵长的天然港，在 140 千米长的海岸线上，碧水蓝天一望无际，绿树成荫，繁花似锦，布满了大大小小的酒店和各种精品店，这里是许多新英格兰地区中产阶级家庭度假的目的地。

一桶又一桶用来制作蜡烛的鲸油，会用马车载着，在南塔克特岛上用鹅卵石铺就的街道上辘辘走过，所以这里的鹅卵石路都有了历史的包浆。

## 遗留几百座历史遗迹

大约在 11 世纪，北欧的维京人就曾"到访"过这里，之后这里的原住民——印第安人将此地称之为"Canopache"，意思是"和平之地"，南塔克特则是"遥远之地"的意思。

南塔克特岛一直保持着和平和寂静，直到英国殖民者来到这里，英国国王将马萨葡萄园岛和南塔克特岛送给了殖民商人托马斯·梅耶。当时岛上布满池塘、盐沼和草地，对殖民者来说生存环境恶劣，托马斯·梅耶又以 30 英镑和两顶獭皮帽的价格，将南塔克特岛转手卖了出去，两顶獭皮帽他和妻子一人一顶。

这座岛屿后来又几经易手，那些购买者被称为"最初的九个购买者"，他们的后人如今仍然生活在这座岛上。

[ 捕鲸博物馆 ]

南塔克特的捕鲸博物馆位于 1846 年修建的蜡烛厂内。

WHALING MUSEUM

非凡海洋大系

[古老的风车]

南塔克特岛经过科芬家族、斯温家族、派克家族的经营，留下了800多座建于1850年之前的建筑，且汇集了世界各地的建筑风格，是美国历史建筑最集中的地方。

### 曾经的世界级捕鲸中心

自17世纪中期以来，南塔克特岛因为港口优势，捕鲸业发达，成了捕鲸船的集散地，港口最多时能容纳125艘捕鲸船，是全世界的捕鲸中心。每天都有大量的捕鲸船从南塔克特港出航和归航，《白鲸》中著名的捕鲸船"披谷德"号就是从这里起航的。从此处交易的鲸油被运往了世界各地，几乎点亮了整个欧洲的灯。

19世纪中期后，随着石油工业的出现，燃油开始取代了鲸油，这里开始衰退，捕鲸成了历史。如今只能从南塔克特的捕鲸博物馆中了解当时捕鲸的场面。许多南塔克特人也因此失去了谋生的手段，移居至加利福尼亚州。

如今，南塔克特岛的常住人口仅有1万人左右，但每当夏季来临，岛上的人数会迅速增加，甚至比平时翻5倍。

南塔克特岛靠近墨西哥湾流，它在夏季比大陆凉快10%，冬季又比大陆温暖10%，人们可以在此终年打高尔夫球、骑行、徒步旅行及从事多种多样的水上运动。

[富兰克林·罗斯福]

美国总统富兰克林·罗斯福曾说："就像草原上使用的篷盖马车一样，捕鲸船永远是美国伟大的象征。"南塔克特岛一度成为美国的骄傲和其他捕鲸国家艳羡的对象。在巅峰时期，岛上有超过5000名专业的捕鲸水手，当时岛上部分定居者的年收入超过2万英镑。

# 世界的疗养院

# 巴巴多斯岛

这是一座寸土寸金的袖珍岛，每一处都有不同的景致，灿烂的阳光、湛蓝的海水、细软的沙滩、青翠的树木、绚丽的鲜花、安静的旅店小楼，在这里组成了一幅迷人的风景画。

[巴巴多斯首都机场内的欢迎图]

巴巴多斯曾是加勒比海盗的老巢，海盗们在这里慢慢发展起来，同时也把巴巴多斯朗姆酒带到各地。

[贩卖奴隶]

巴巴多斯是一个岛国，面积只有431平方千米，曾是英联邦成员，2021年11月30日取消英国女王的国家元首地位，改制为共和国。巴巴多斯岛位于东加勒比海小安的列斯群岛最东端，呈瓜子形，这里有细软的沙滩和湛蓝的海水，风光奇秀，是世界著名的旅游胜地。

## 长胡子的国家

16世纪前，印第安人和加勒比人在这里安居乐业，有小说是这样描述这座岛屿的："岛上充满了诱人的芳香，这是胡椒与柏木的味道。"后来西班牙人和葡萄牙人随着芳香的指引来到了这里，他们见到岛上的无花果树上垂下来的长长须根后非常惊讶，于是给岛屿起名巴巴多斯，在葡萄牙语中的意思就是"长胡子的"。因此，巴巴多斯又被称作"长胡子的国家"。

殖民者来到岛上后，掳走原住民，将他们贩卖

到各地的制糖工厂做奴隶，这座岛从此变成了无人岛。1620 年，英国人登上了这座荒无人烟的岛屿，并建起了甘蔗种植园，又从其他地方运来了大量的黑人奴隶种植甘蔗，熬炼蔗糖。第二次世界大战结束后，巴巴多斯宣告独立，并加入了英联邦。

巴巴多斯岛雨量充沛、土质肥沃，旅游业发达，是拉丁美洲第一个发达国家，也是世界上第一个以黑人为主体的发达国家。

**[北点]**

顾名思义，"北点"就是巴巴多斯岛最北端，这里是巴巴多斯最著名的景点，是大西洋和加勒比海的分界点。这里水深、浪急、风大，岸边激起的大浪十分壮观。

**[有趣的指示牌]**

在巴巴多斯岛"北点"有一个著名而有趣的标志：各大洲主要国家的名字都被分别写在一块木牌上，木牌指着这些国家各自的方向。

**[布里奇顿港边的步道]**

[ 美洲白鹈鹕 ]
巴巴多斯的国鸟为美洲白鹈鹕，是一种大型游禽。

[ 金凤花 ]
巴巴多斯的国花为金凤花，是一种豆科、云实属直立常绿灌木，高达3米，为热带地区观赏树木之一。

## 布里奇顿

布里奇顿是巴巴多斯的首都和政治、经济、文化、交通中心，同时也是东加勒比海地区的贸易枢纽，这里的人口只有10万人，比我国沿海的城镇大不了多少。

布里奇顿位于巴巴多斯岛西南海岸的卡里斯尔湾畔，1628年由英国殖民者建城，由于当时殖民者发现了一座印第安人的木桥，由此得名桥镇。

在城中心的卡里内奇河附近有宽阔的国家英雄广场，广场边有两座用珊瑚石建成的新哥特式

[ 神奇的磁路 ]
巴巴多斯首都布里奇顿城最北端向东不远处有一段神奇的磁路，它是一条长约百米、坡度大约为15度的柏油马路。小轿车挂空挡，停在坡下会鬼使神差般地自动爬上山坡。据说磁路附近有一个较强的磁场。

[ 哈里逊岩洞 ]

大楼：一座是巴巴多斯议会所在地；另一座是圣米歇尔教堂。除此之外，城区很少有高楼大厦，而且街道不宽，店铺一个接着一个，游客很多。

　　布里奇顿市区西侧是布里奇顿港口，它是一个综合性港口，是西印度群岛的深水良港之一，每年来港船只在 1.8 万艘次以上。

> 巴巴多斯岛周边海域由于水母和海胆较多，在下水时一定要注意别被蜇到。

## 哈里逊岩洞

　　哈里逊岩洞位于巴巴多斯岛的海岸线上，距离布里奇顿不远。它是一个巨大的洞穴，洞穴内有众多的石笋、石钟乳和石柱，是历经几万年或几十万年，水流侵蚀石灰石的结果，形态婀娜多姿，是巴巴多斯最漂亮的自然地质地貌，也是巴巴多斯最著名的旅游景点。

[ 探索巴巴多斯海底沉船 ]

[白沙滩]

## 潜水胜地

巴巴多斯岛是个美丽的珊瑚礁王国，有着各种各样的珊瑚，水下有各种生物，还有一艘100多年前的海盗船沉没在海底，是潜水者的天堂。假如不会潜水又喜欢海洋生物，巴巴多斯还提供潜艇服务，潜艇乘载着游客潜入幽蓝的深海，同样可以近距离欣赏美丽的珊瑚和成群的热带鱼。

巴巴多斯岛上的水是从地下抽取上来的，经过石灰石和珊瑚虫过滤，被认为是世界上极少数的纯净水源之一。

## 阳光富翁

巴巴多斯岛处于热带，全年平均日照时间可达3000小时，有取之不尽的阳光，人们将其称为"阳光富翁"。

巴巴多斯岛绵长的海岸线上有众多海滩，其北端海岸多岩礁，适合垂钓和潜水，其中最具特色的是巴希巴海滩，海滩上有许多"头大脚小"的礁石；而西海岸和南海岸则沙滩细软，尤其是西海岸从布里奇顿向北直至圣詹姆斯和圣彼得之间的海滩，终年无风无浪，海水清澈见底，平静如镜，洁白如玉的白沙滩和粉色的红沙滩一片连着一片，是旅游度假、享受阳光的好去处。

[巴希巴海滩]

该海滩上有很多"头大脚小"的礁石，是因为海水侵蚀石头底部而导致的。

# 欧洲人的度假天堂

# 萨尔岛

这里的大部分陆地都是沙漠，却以洁白的沙滩、清澈的海水和美丽的珊瑚礁而著称，是一座世界著名的旅游岛。

[萨尔岛美丽的白沙滩]

萨尔岛居民的幸福指数很高，生活节奏很慢，远离城市的喧嚣，晒太阳、钓鱼、游泳、潜水、冲浪是这里的日常生活。

> 萨尔岛的中心区几乎都是做游客生意的餐厅和酒吧，因为当地人的居住区在北部，而度假区在南部。

萨尔岛位于西非佛得角东北端，属于向风群岛的一部分，由于风蚀的作用，成为佛得角最平坦的岛屿，其最高点海拔 406 米。该岛长 30 千米，宽 12 千米，面积为 216 平方千米，全年的气温很少低于 25℃，降雨量低得可怜。

### 非洲较安全的国家

萨尔岛非常有异域风情，15 世纪时，葡萄牙人在发现了佛得角以后，便把萨尔岛变成了一个港口和奴隶贸易中心，从这里将奴役的中非和西非的黑人卖到美洲大陆。

萨尔岛所属的佛得角共和国人口较少、政治稳定、旅游业发展较快，是非洲一个适合旅行的国家。

[海水在洞穴内反射成"蓝眼睛"]

[佩德拉卢姆盐场]

在佛得角，最便宜的食物就是当地葡萄牙风味的美食，比如佛得角的"国菜"——卡除巴（Cachupa），由豆类、玉米、红薯、猪肉、香肠、鱼类慢炖而成，味道鲜美。这里的海鲜种类丰富，喜欢的朋友不可错过。

## 佛得角最美的白沙滩

萨尔岛拥有佛得角最美的海滩——圣玛利亚海滩，这里的沙滩绵延 8 千米（一说 10 千米），沉浸于蔚蓝色的海洋之中，海滩以平坦细软、一望无际和色泽亮丽、多样的海水而著称，让人流连忘返，特别得到欧洲人的喜爱，被誉为"欧洲人的度假后花园"。

## 水下探洞——蓝眼洞穴

萨尔岛有一些奇妙的水下洞穴可供探索，在萨尔岛的帕尔梅拉港口以北约 5 千米处有一个进水口，朝内望是一个洞穴，内有由海水反射形成的"蓝眼睛"——蓝眼洞穴，仿佛在注视着外面，这里是潜水者探秘的地方，里面有美得令人难以置信的珊瑚礁，穿上水肺装备，可潜入洞穴之中一探究竟。

除此之外，萨尔岛上还有很多其他的水下洞穴和海底沉船供人探秘。

## 盐海

在葡萄牙语中，萨尔岛为"Ilha do Sal"，其中"Sal"在葡萄牙语中的意思是"盐"，所以萨尔岛也称为盐之岛，其中佩德拉卢姆和圣玛利亚附近的盐场最为有名。

佩德拉卢姆坐落于火山口，布满了有火山味的"盐海"。盐海是休闲漂浮的理想场所，温暖的游泳池比死海更咸，浮力很大，几乎不可能下沉。

[鸟瞰盐海]

太平洋篇

# 人间天堂

# 圣灵群岛

　　圣灵群岛犹如一串美丽的绿宝石洒落在太平洋上，拥有许多风格各异的小岛、宜人的气候和未被污染的环境，还有令人沉迷的美景，英国航海家库克船长将它称为"上帝恩泽的地方"。

**[库克船长]**

库克船长（1728—1779年）是英国皇家海军军官、航海家、探险家和制图师，他曾经三度奉命出海前往太平洋，带领船员成为首批登陆澳洲东岸和夏威夷群岛的欧洲人，也创下首次有欧洲船只环绕新西兰航行的纪录。

**[圣灵群岛的沿海步栈道]**

圣灵群岛上的度假村沿海而建，步栈道直通海滩，很多当地人在这里遛狗、慢跑、骑自行车。

　　圣灵群岛又称惠迪森群岛，也被译为"降灵群岛"，位于澳大利亚东北海岸线不远处，属于大堡礁世界遗产保护区，在大堡礁中部。它由大小不一的74座珊瑚岛屿组成，是澳大利亚最受欢迎的旅游胜地之一，也是南半球最知名的驾驶快艇游览的目的地之一。

## 库克船长的发现

　　1770年，英国著名航海家库克船长在澳大利亚东北的太平洋上发现了74座南北走向的岛屿，它们被蔚蓝色的珊瑚海环绕着，犹如一串美丽的绿宝石躺在深蓝清澈的海洋之上，这种海天一色的和谐美景，使人恍若处于与世隔绝的天堂之中。那一天正好是圣灵降临日，库克船长认为这一切都是上帝的恩泽，于是将这里取名为圣灵群岛。

### 艾尔利海滩

艾尔利海滩是圣灵群岛的门户，是个典型的海边度假小镇，小镇有自己的海滩，还有一个免费的人工泳池开放给游客使用。

[艾尔利海滩]

艾尔利海滩是一个色彩丰富、散发着无穷吸引力的地方，遍布酒店、餐馆、咖啡厅、冰激凌店、超市、旅游用品商店和购物中心，为在圣灵群岛中度假的游客提供理想的落脚点。

### 汉密尔顿岛

汉密尔顿岛是圣灵群岛中面积最大的度假岛屿，也是一座有名的富人岛和全球有名的度假、度蜜月的胜地，素有"大堡礁之星"的美誉。

高尔夫球车是汉密尔顿岛上的主要交通工具，可按小时、整晚或全天租用。这里终年气候舒适宜人，户外活动丰富多彩，打高尔夫球、潜水、滑浪、风帆、出海垂钓或坐汽艇乘风破浪于各岛屿之间，绝对可以满足爱运动的人的期望。

[白日梦岛的美人鱼雕塑]

白日梦岛是整个圣灵群岛中离大陆最近的一座岛（30分钟船程）。白日梦岛和它的名字一样，是个非常有趣的地方，拥有"活珊瑚"人工水族馆，在这里可以亲手喂食鲨鱼、金目鲈等生物。

汉密尔顿岛最出名的景点就是猫眼沙滩和独树山，其中独树山是汉密尔顿岛的最高点和最佳观景点，也是度蜜月的胜地，半山腰上的结婚教堂更是许多恋人的打卡地。

圣灵群岛中有许多著名的景点，除了艾尔利海滩和汉密尔顿岛之外，还有希曼岛、林德曼岛、心形岛、白日梦岛和富克岛等，这些岛屿形状大小各异，全都是旅游度假胜地。

圣灵群岛上有浓密的热带雨林、色彩斑斓的珊瑚礁、摄人心魄的纯白海滩，以及晶莹剔透的宝蓝色海水，其浓郁而恬静的热带风情，足以让游客放松身心并体验探险揭秘的乐趣。

大堡礁是世界最大、最长的珊瑚礁群，北起托雷斯海峡，南到南回归线以南，绵延2011千米，有2900座大小不一的珊瑚岛，自然景观无与伦比。

# 隐藏着的热带世外桃源

# 蜥蜴岛

> 蜥蜴岛是一个如世外桃源般的地方：沙滩绵长，既有白沙滩，也有小型的岸滩；海水晶莹剔透，四周珊瑚环绕，是一个潜水胜地。

蜥蜴岛位于大堡礁最北端，在澳大利亚最北端的约克角半岛以东的海面上，与库克镇的直线距离约为90千米。

### 库克船长命名

1770年6月11日，库克船长驾船穿行在大堡礁时，多如石林的珊瑚礁让他仿佛陷入了迷宫，"奋进"号在这里与大堡礁相撞后差点沉没。库克船长爬上事故发生地附近的一座小岛的最高峰（360米的山顶），远眺这片礁石林立的海域，才找到了航行路线。库克船长在这座岛上只看到了蜥蜴这种动物，于是将此岛命名为蜥蜴岛。库克船长和他的船员们也是第一批登上这座岛屿的欧洲人。

### 库克瞭望台

蜥蜴岛是太平洋中的一座险峻的岛屿，也是一个风景如画的度假胜地。沿着通往山顶的路，可直接到达当年库克船长驻足远眺的山峰，如今这里建有库克瞭望台，在这里远眺四方，可以体验大航海

[大堡礁美景]

家库克船长当时的心情。

## 完美的潜水胜地

蜥蜴岛的另一边是一片蓝色潟湖，这是一个隐秘的潜水之地。除此之外，蜥蜴岛还有着狭长美丽、曲折的海岸线，分散着 23 个令人惊叹的白沙海滩，还有一些小型的岩石岸滩，拥有许多绝好的潜点。

## 鳕鱼洞

鳕鱼洞是蜥蜴岛、大堡礁乃至全世界最著名的潜水地点之一。在这个海域潜水，常可邂逅重达 150 千克的土豆鳕鱼（Potato Cod），这是一种友善、温驯的巨型鱼。此外，在鳕鱼洞潜水，还可以观赏到各种成群结队的海洋生物，如毛利濑鱼、红鲈等，以及普通的珊瑚物种、海葵、白鳍鲨、巨蛤、多鳞霞蝶鱼、所罗门甜唇、羽毛海星等。

**[海底珊瑚礁]**

蜥蜴岛是世界上有名的浮潜胜地，这里的沙滩被珊瑚群所环绕，不但可以看到色彩斑斓的珊瑚群、慢悠悠仿佛不知忧愁的海龟，还能看到长在海底的"圣诞树"：它们其实是海底蠕虫的"冠"，那螺旋结构是它们的触须。

> 蜥蜴岛度假村被誉为澳大利亚最昂贵以及私密性最高的岛屿度假区，其住宿价格比汉密尔顿岛、海曼岛等都要高。

**[土豆鳕鱼]**

土豆鳕鱼（Potato Cod）即是黑斑石斑鱼，又称蓝身大石斑鱼，俗称金钱龙趸，栖息深度 10 ~ 150 米，体长可达 2 米，以鱼类、甲壳类为食，分布在红海、非洲东部至大堡礁。

# 全球最美丽的岛屿
# 艾图塔基岛

这里有犹如仙境的潟湖、洁白柔软的沙滩、水晶般透明的淡蓝色海水、唯美的蓝色珊瑚礁，风景如诗如画，让人身心沉醉其中。

艾图塔基岛是太平洋中南部的库克群岛南部的岛礁，位于拉罗汤加岛以北，由艾图塔基环礁（高140米）和一系列小礁和岛屿组成。虽然这里鲜有人知，但它却与大名鼎鼎的塔希提岛共享同一片海域。

**[三角形硬币]**

库克群岛三角形的2元硬币，很特别的形状。

**[与鱼同游]**

艾图塔基岛的大部分海域都可以浮潜，还可以用小鱼引来鱼群，与鱼同游。

### 果冻海

艾图塔基岛是库克群岛中最著名的一座离岛，从拉罗汤加机场到艾图塔基岛只需45分钟。

艾图塔基岛和周围的环礁就像是一串绿宝石项链挂在大洋之中，墨蓝色的是岛礁，围绕岛礁的是有着果冻般色彩的潟湖。《孤独星球》的创始人托尼·惠勒曾评价它为"全球最美丽的岛屿"。

艾图塔基岛有洁白迷人的沙滩和世界上最美的、有着梦幻般色彩的潟湖，赤脚走在洁白柔软的沙滩上，踩一踩水晶般、透明的淡蓝色海水，欣赏唯美的蓝色珊瑚

[蜜月岛美景]

礁，这如诗如画的风景，让人整个身心都沉醉其中。

### 离岛不离

从艾图塔基岛可乘双体船游览艾图塔基潟湖和环潟湖的几座小岛，包括蜜月岛、大脚丫岛等。还有些岛没有名字，有些只是一片沙洲，真担心稍微一涨潮就会被淹没。双体船的终点是大脚丫岛，岛上有个小邮局可以盖纪念戳，环岛一周需要涉水，周围不远的海域是浮潜的好地方，可以与鱼同游。

这些小岛如同华贵的珍珠不小心散落在蓝色的玉盘中，这里的沙滩曾被评为太平洋地区最好的沙滩。

艾图塔基在当地语言中的含义是"上帝引领的地方"，无论是阳光充沛的白天，还是夕阳西下的傍晚，在蓝色海洋的映衬下，都美得让人窒息！

岛上通信很不发达，没有 WIFI，如果你想过上几天没有网络打扰的日子，在这里完全可以与世隔绝，彻底清静。如果需要网络，可以购买当地流量卡。

艾图塔基岛上的治安很好，岛上的居民就像一家子一样，路上碰见总要挥挥手，很亲热，虽然这里不是很富裕，但是人们的幸福指数很高，每个人都是一副很满足的样子。

蜜月岛很小，是艾图塔基岛的一座小礁岛，这里很少有人来，所以特别适合度蜜月的情侣来此享受温馨浪漫，其或许因此而得名。蜜月岛的海水特别清，深浅层次分明。

[大脚丫岛]

大脚丫岛位于艾图塔基岛的最南端，形如一只大脚丫踩踏在海洋之中，岛上有第二次世界大战时期修建的飞机跑道，现已经被海水侵吞了许多。大脚丫岛上的沙滩很白，但沙子不是很细，有一些枯树枝、贝壳洒落在沙滩上，很适合拍照，为大脚丫岛增添了年代感。
大脚丫岛上有一个只有一个人的邮局，这里可以寄漂亮的明信片，也可以给护照盖上大脚丫岛纪念戳。

绝美世界海岛

# 性感的小岛

# 波拉波拉岛

色彩斑斓的珊瑚、形态各异的热带鱼、如蓝丝绒地毯上的宝石般的蓝色潟湖，还有美丽的海滩、散布在岛上的史前奇石和奇特的波利尼西亚式小屋，让它成为"最性感的小岛"之一。

**[波拉波拉岛末代女王]**
图中第二排右起第三位即是波拉波拉岛末代女王特里马瓦鲁阿（Teriimaevarua）三世，1888 年，她被法国人取而代之。

波拉波拉岛位于太平洋东南部，塔希提岛西北 280 千米处，是由环礁组成的岛屿，也是社会群岛最美的岛屿之一。富士比将它评为"最性感的小岛"之一，美国作家詹姆斯·米切纳称它是"世界上最美丽的岛屿"。

### 上帝创造的岛

波拉波拉在塔希提语中意为"最先出世"，传说它是大洪水后第一块露出水面的土地，曾经被称为"上帝之作"。

据传 300 多万年前，波拉波拉岛从海中升起，成为一座巨大的火山，周围生长着一圈珊瑚。随着海底板块冷却，火山下沉，只留下珊瑚环礁围绕着潟湖。2000 多年前，第一批岛民从东南亚来到这里。1722 年，荷兰探险家雅各布·罗格文（也是首先发现复活节岛的欧洲人）在此登陆后，将其命名为波拉波拉岛，此后这个名称沿用至今。

1888 年，法国逼迫波拉波拉岛女王退位，并将波拉波拉岛与其他岛屿一起并入波利尼西亚。

**[奥特马努山]**

## 双峰火山遗迹

波拉波拉岛只有 10 千米长、4 千米宽，环岛一周为 32 千米。在该岛中部有一个双峰火山遗迹，这是一座死火山，最高峰奥特马努山也是波拉波拉岛的最高点，海拔 725 米；另外还有一座名叫伊利莎山的山峰，如今整个山坡被浓密的植被覆盖。在山顶可以观看到岛上的全景：美丽的青绿色潟湖环绕在小岛周围，一条沙坝将潟湖与大海分隔开。沙坝之外是堡礁，几乎呈完美圆形，并点缀着称为"莫图"的小沙岛。

这里的动物不怕人类，哪怕是小动物也是如此，即使走到它们身边，它们也丝毫不会像其他地方的动物一般惊惶失措地四散奔逃，显得非常淡定、从容。

## 天然礁湖

天然礁湖造就了波拉波拉岛特殊的海景，在这里仅蓝色就能呈现 50 多种，有如梦如幻般的蓝色潟湖；有色彩斑斓的蓝色活珊瑚；有颜色、形态各异的蓝色热带鱼；阳光、沙滩、海风，你能想象到的一切，都能在这里找到。

波拉波拉岛四周的海域终年温暖平静，孕育着丰富缤纷的海底世界，有超过 500 种以上的生物。礁湖及岛屿周边有众多世界级的潜点，在较远的海域潜水可以看到巨大的彩色珊瑚，还有世界上体型最大的虹鱼。每年 8—10 月底，甚至可以与迁移到这里的座头鲸共游，欣赏母鲸与小鲸在海中翻跟头、雄鲸用声音求爱的情景。

梦幻般的天然礁湖、充满了色彩斑斓的珊瑚和热带鱼类的海底、岸边洁白如雪的沙滩、悬浮在水上的度假屋，以及偶尔轻拂的赤道微风，将波拉波拉岛点缀成了美轮美奂的人间天堂。

[ 波拉波拉岛潟湖的水屋 ]

黑珍珠链般的水屋伫立在蓝色的潟湖水面，景色分外别致。

[ 波拉波拉岛海滨疗养中心 ]

波拉波拉岛酒店的 SPA 室据说是南太平洋唯一的深海海滨疗养中心。
相传，传统的海水浴从古罗马时代就开始了，也就是说利用海水进行理疗已经具有 2500 多年的历史了。

早期在岛上定居的波利尼西亚人以打鱼为生。自 1900 年开始，受旅游业的刺激，岛上人口激增。

第二次世界大战期间，这里曾是美国的海空军基地，但从未经历战事。

# 最接近天堂的地方

# 塔希提岛

柔软细腻的白沙、秀美清丽的热带风光、唯美浪漫的水上屋,让世人将它称为"最接近天堂的地方",岛上的原住民则称自己为"上帝的人"。

[ 最接近天堂的地方 ]

1769 年库克船长在塔希提岛的马希纳镇建立了临时观测点,观测了金星凌日现象。

塔希提岛位于南太平洋中部,是法属波利尼西亚塔希提群岛的主岛,同时也是其首府帕皮提和法阿国际机场的所在地。从空中鸟瞰,其形状似尾鱼,鱼头、鱼身被称为"大塔希提",鱼尾叫"小塔希提"。这里四季温暖如春、物产丰富,凭借秀美的热带风光,环绕四周的七彩海水,被世人称为"最接近天堂的地方"。

[ 塔希提群岛博物馆内展出的小船 ]

塔希提群岛博物馆位于塔希提岛西岸,距离首府帕皮提约 15 千米,是南太平洋地区最优秀的博物馆。

### 华人习惯上称之为"大溪地"

塔希提岛是一座"8"字形的火山岛，由两个火山高地组成，陆地面积为 1042 平方千米。

在 100 万 ～ 300 万年前，海底火山喷发后的熔岩形成了众多的岛屿，塔希提岛就是其中的一座。最早在五六世纪时，有人从东南亚驾木舟漂洋过海来此岛定居。公元 1520 年左右，太平洋中的群岛成为欧洲人的探险目标。1767 年，英国航海家塞缪尔·瓦利斯成为第一个发现塔希提岛的欧洲人，之后法国航海家布甘维尔和英国的库克船长接踵而至。1842 年沦为法国的保护国，1880 年改称殖民地，1958 年成为法国的海外领地。

如今塔希提岛上的人口约有 18 万人，主要为波利尼西亚人，还有一些华侨、华人，当地华人习惯上称之为"大溪地"，我国港台地区也习惯将其译为"大溪地"。

### 异常珍贵的塔希提黑珍珠

塔希提岛上山清水秀，绿草如茵，到处是成林的棕榈树、椰树、芒果树、面包树、鳄梨树、露兜树、香蕉树和木瓜树等,让这里一年四季都有好吃的水果。除此之外，最值得介绍的就是塔希提黑珍珠。

塔希提黑珍珠有别于其他地方的，因为它是由黑碟贝养殖出来的，这是一种只限生长于天然、无污染的波利尼西亚水域的稀有贝类。塔希提黑珍珠表面不同程度的灰色中，夹杂着各种幻彩颜色，因而更显得与众不同。古代珍珠养殖技术不高，打开 1.5 万多个贝母才可能找到一颗天然黑珍珠。即使在如今，每 100 颗黑珍珠中也只有 5 颗是完美无瑕

[ 马希纳镇白色灯塔 ]

马希纳镇白色灯塔建于 1867 年，用来庆祝塞缪尔·瓦利斯到达这里 100 周年。游客可以登上灯塔，瞭望美丽的海湾。

[ 黑珍珠 ]

天然黑珍珠中最著名的一颗叫做"Azura"，曾被镶嵌于俄国皇室的一条项链的中间。如今，塔希提黑珍珠已成为不同凡响的宝石，被不少名人以及珍珠爱好者收藏。

**[ 草裙舞玩具 ]**

塔希提岛的草裙舞形式较为激烈、狂野。传说第一个跳草裙舞的是舞神拉卡。她跳起草裙舞招待她的姐姐火神佩莱。佩莱非常喜欢这种舞蹈，就用火焰点亮了整个天空。自此，草裙舞就成为向神表达敬意的宗教舞蹈。

**[ 黑珍珠比基尼 ]**

这是在塔希提黑珍珠博物馆内展出的一套黑珍珠比基尼，由 472 颗珍贵的塔希提黑珍珠制作，这件比基尼曾被塔希提的国际超模带上巴黎时装秀的 T 台，惊艳四座。

影片《布恩蒂船长的反抗者》《神盾局特工》《皇太子的初恋》等都曾在塔希提岛取景拍摄。

的，因此每颗黑珍珠都珍贵无比。

自古以来，塔希提黑珍珠就是世界各国王公、贵族们的最爱，被誉为"女王之珠和珠中皇后"。在天然黑珍珠中最著名的一颗被称为"Azura"，它嵌于一条项链的中央，曾是俄国皇室珠宝的一部分。

## 美景众多

塔希提岛上生长着许多热带花卉，空气中都弥漫着香气。沿岸有许多沙滩，布满漆黑的碎石，适宜冲浪、扬帆出海和深海钓鱼。在一些风高浪急的地方有喷水洞，浪涛拍岸时海水由石隙、洞穴涌出，非常壮观。这里还是世界上最美丽的水肺潜水胜地之一，在海底潜水时能看到蝠鲼、锤头鲨、柠檬鲨、黑鳍礁鲨、驼背鲸以及各种其他类型的鱼群，还有令人眼花缭乱的珊瑚墙和神秘的沉船。

## 水上屋

塔希提岛跟马尔代夫一样，有许多水上屋供游客居住，而且木屋的地板是玻璃的。在夜晚，当水上屋里的灯光亮起时，会吸引许多五彩鱼儿向灯光聚拢，游客只需平躺在玻璃地板上，就有一种与鱼共舞的感觉。

塔希提黑珍珠博物馆是世界上唯一一座黑珍珠博物馆。这里不仅详细介绍了珍珠的生产流程和鉴别方式，还介绍了世界珍珠产业的发展和历史，不愧为世界珍珠历史的百科全书。

**[ 诺丽果 ]**

塔希提岛上的诺丽果产量占世界总产量的 80% 以上，世界上大约有 95% 的诺丽产品都源自塔希提岛上。

# 魔幻之岛

# 茉莉亚岛

茉莉亚岛的海拔落差大，中央山峰高耸入云，地势险峻，山腰间云雾缭绕，更有溪流、瀑布流过满是苔藓的崖壁、草地、村庄，注入唯美的潟湖，赋予了整座岛屿一种灵动之美。

**[茉莉亚岛美景]**

茉莉亚岛没有塔希提岛喧闹，也没有波拉波拉岛的食宿昂贵，这里商业气息淡薄，独具原始、自然的气质。

茉莉亚岛又名莫雷阿岛，位于塔希提岛西北方约 20 千米处，全岛面积 132 平方千米，长约 60 千米。它是塔希提岛的姐妹岛，离塔希提首府帕皮提大约有 30 分钟的船程，如果坐飞机只需 10 分钟。

### 魔幻之岛

茉莉亚的意思是"黄蜥蜴"，这里被人们誉为"魔幻之岛"。岛上有 8 个深谷，它们呈星形向四周辐射，形似一只章鱼。全岛被火山、潟湖、瀑布、沙滩、椰树和棕榈树覆盖，天然美景让人难忘。

传说，这里曾发生过一场人神之间的战争，战斗中勇士派用长枪掷向神希托，长枪没有刺中希托，而是刺向了希托身后的一座

**[茉莉亚岛上的小教堂]**

**[岛上度假村的个性竹筒]**

这是茉莉亚岛度假客房门口的个性牌子，是一个竹筒装置，有人造访的时候，只需轻轻敲打竹筒。在竹筒上方插上不同的图案代表不同的意思，笤帚图案代表打扫房间，枕头图案代表请勿打扰，小花图案代表准备退房。

> 茉莉亚岛几百年前曾经是国王普玛奥的皇室领地。

> 茉莉亚岛有世界上最大的珊瑚礁生态系统，非常适合潜水，尤其是浮潜。

> 当年库克船长曾停靠在库克湾，维修"奋进"号，并进行补给。

笤帚图案　　　　枕头图案　　　　小花图案

**[特色水上屋]**

茉莉亚岛上的每一间水上屋都是独立小屋，和塔希提岛、波拉波拉岛上的水上屋一样，延伸到美丽的潟湖中，或者被茂盛的热带花园环绕。

山，并刺穿了这座大山。从此这座山被称作"茂阿普塔"，即"刺穿的山"。游客可以攀爬到山顶，徒步寻觅瀑布，领略峡谷的美，以及观看壮观的奥普努胡湾和库克湾。在这两个海湾中间的半山腰有一个观景台，可以自驾到此，登上观景台，俯瞰库克湾、奥普努胡湾以及对面的山海全景，十分壮观，是全岛最热门的观景之地。

## 美丽的潟湖

茉莉亚岛上有波利尼西亚最美的潟湖之一，其湖水呈青绿色，清澈见底。在潟湖中可以看到在水中遨游的海龟、灰鲨鱼、柠檬鲨以及黑背鲨，还有色彩斑斓、如玫瑰花一样在水中盛开的珊瑚。游客可以在潟湖中"喂鲨鱼"，许多潜水俱乐部都组织这项活动，绝对是一次让人难忘的经历。

**[水下珊瑚]**

# 浮潜爱好者的天堂

# 冲绳岛

冲绳岛拥有美丽的亚热带风光，棕榈树、槟榔树、洁白的沙滩、清澈的海水构成了一幅美丽的风景画，使它有"东方夏威夷"的美称。

冲绳岛又名琉球岛，位于琉球群岛中央，在日本本土和我国台湾地区之间，是琉球群岛中的最大岛屿，有着最原始的海岛风景，充满了魅力。从琉球王国时代到现在，冲绳岛从固有的历史中孕育出了独特的海岛文化。

### 琉球式城堡——首里城

首里城是一座琉球式城堡，位于冲绳岛南部、首府首里市以东，13世纪末至14世纪初，依照中国宫廷建筑风格而建造。15—19世纪时一直是琉球王国的都城和王宫所在地，曾经四度被毁，如今的首里城修建于1992年，有北宫、南宫、首里门（守礼门）及多座城门，是冲绳岛重要的古迹，记载了这个海岛王国500多年的荣华与衰败。

### 胜连城遗址

胜连城遗址位于冲绳岛中部的宇流麻市，即靠太平洋一侧的胜连半岛上。这是一座曾经发生过悲情故事的城堡。相传，古时候胜

[ 第二次世界大战末期日本海军司令部 ]

这里是冲绳战役时日本海军司令部所在的地下战壕。当时整条战壕的总长度是450米，目前公开的只是其中的275米。

琉球群岛距我国沿海的上海、宁波、温州约700千米。1871年前有琉球国，疆域北起奄美大岛，东到喜界岛，南止波照间岛，西界与那国岛。目前由第二次世界大战战败国日本管辖，但部分地区行政权仍由美国行使，驻日美军基地约70%以上集中在琉球。1972年，美军将琉球群岛移交给日本托管（主权不属于日本），琉球民众曾聚众抗议美军剥夺他们独立自主的权利。

冲绳人十分热爱舞蹈，而且几乎人人都会，只要琴声响起，冲绳人必定开始手舞足蹈。

[守礼门：守礼之邦]

守礼门是冲绳的象征，在琉球王国时代，冲绳被尊称为"守礼之邦"，悬挂在门上的文字就是守礼门名字的由来。据说，守礼门建于16世纪前半叶，在太平洋战争爆发后，守礼门被烧毁，现在我们所看到的是1958年依照原型重建的。

[首里城正殿]

2019年10月31日凌晨，首里城发生大火，正殿和北殿完全被烧毁；10月31日下午1点半左右，大火被扑灭，约420件文物毁于大火。正殿的重建预计将于2026年进行。

连城的城主阿麻和利，一直不服首里城琉球国王尚泰久的统治，国王为了稳住他，将公主嫁给了她，可惜这并未能使阿麻和利放弃反叛的念头，公主将他要攻打首里城的消息密报给了父亲，于是，尚泰久率领大军攻占了胜连城，阿麻和利战死。失去丈夫的公主改嫁后不久，第二任丈夫也早逝，最后公主流离失所。

对古代琉球人而言，一年中有三大节日最为重要，统称为"三大行事"，分别是春节、清明节和盂兰盆节。

如今，胜连城遗址已是世界文化遗产，站在城堡的遗迹上，海风拂面，极目远眺，心胸豁然开阔，可将太平洋的美景尽收眼底。

### 真荣田岬的蓝洞

恩纳村坐落于冲绳岛中部地区西侧，是有名的度假胜地。这里就像一块充满了活力的蓝绿相间的布料，上面点缀着各种自然美景。

恩纳村一带的海水清澈通透，海底遍布着美丽的珊瑚礁，五彩斑斓的热带鱼类在珊瑚间

[胜连城遗址]

穿梭，因此成为世界闻名的潜水胜地，既可浮潜，也可以深潜。在恩纳村众多潜点中，最特别的要数真荣田岬的蓝洞，在阳光折射下，洞窟内布满蓝色的光芒，当地人称为青之洞，吸引了世界各地的潜水爱好者来此探险。

### 万座毛：能容纳万人坐下的草原

万座毛意为"能容纳万人坐下的草原"，位于恩纳村。相传，琉球国王尚敬王在去北山巡视的途中经过此地，见此断崖上的平原，就让随从万人坐到上面，因而得名万座毛。

万座毛位于海边的一座断崖之上，这处断崖绝壁形似海边喝水的"大象"，断崖之下是珊瑚礁和惊涛拍岸的壮丽景致，是香港电影《恋战冲绳》、韩剧《没关系，是爱情啊》等影视剧的取景地。

[ 琉球国王尚敬王 ]

### 残波岬

残波岬位于读谷村西北端，是一处隆起 30 余米高的珊瑚礁的断崖绝壁。绝壁下面是碧波万顷的海面，绝壁之上有一座白色灯塔，这是残波岬的标志性建筑，也是冲绳著名的旅游景点。

与灯塔遥遥相对的是泰期雕像，他是琉球国王的使臣，在琉球王国时期曾 5 次到达中国，其出生在读谷村，当地人就建了一座手指中国方向的雕像以纪念他。

### 琉宫城蝴蝶园

琉宫城蝴蝶园坐落在冲绳岛北部地区西侧的本部町，占地 1650 平方米，里面有飞流的瀑布和各种亚热带植物丛林，以及 2000 ~ 3000 只翩翩起舞的蝴蝶，是一个观赏蝴蝶的理想去处。

冲绳岛由一群小岛组成，除了冲绳本岛美不胜收之外，如果想要感受更多原汁原味的海岛风情，去往远离城市喧嚣的离岛也是不错的选择。

[ 泰期雕像 ]

# 层次分明的美丽海景

# 薄荷岛 ∷∷

这里有雪白的、将海水映得层次分明的沙滩，还有奇特的巧克力山、世界上最小的迷你眼镜猴、落差 3000 米的海底悬崖和可爱的海豚群，被誉为"世界潜水爱好者的天堂"。

[歃血为盟纪念碑]
该纪念碑并不只有一块碑，而是一处雕像群，描述西方人与菲律宾人围坐在一起，共同举杯，歃血为盟，以示友好。

[薄荷岛美景]

薄荷岛是菲律宾的第十大岛，从菲律宾首都马尼拉乘坐飞机约 1 小时即可到达。

### 与殖民者歃血为盟

薄荷岛（Bohol）原来叫"Bool"，16 世纪西班牙殖民者到此后，薄荷岛上的原住民首领达图盛情接待了西班牙登陆者米戈，而且两人歃血为盟，用匕首割破手臂后，把血滴入葡萄酒中，对饮以后结拜成为兄弟。如今，在当地还可以看到不少雕像记录着他们当年结盟的盛况。薄荷岛的名称也因西班牙人误将此岛叫成"Bohol"而流传了下来。

### 最美的白沙滩是"蓝色毒药"

薄荷岛是一座珊瑚岛，海洋里破碎的珊瑚被海水冲到海滩上，经过长年累月的积累，变成了一片白茫茫的珊瑚沙滩，不是像面粉那样的细沙，轻轻踩上去，感觉冰冰凉凉的，既舒服又柔软，丝毫不逊于马尔代夫的海滩。

薄荷岛的雪白沙滩在烈日下将海水映得层次分明，近处的浅绿色和远处的深蓝色对比强烈；海天相接处是宝蓝色，然后是孔雀蓝色、翠绿色；近沙滩处则像是透明无色的。这一层层的海水非常美妙，被游客称为"蓝色毒药"。

### 巧克力山

巧克力山是薄荷岛独有的景色，它是由 1268 个圆锥形的大小山丘组成的广阔区域，这些山的高度为 40 ～ 120 米，山上多为光秃秃的棕色岩石，上面有星星点点的绿色植被，从高地观景坪举目远眺，这些小山丘会呈现棕褐色，就像平地上放着的一颗颗大大小小的巧克力，因此而得名。

这是一座充满悲怆之美的山。相传，很久以前，当地最美的姑娘阿拉雅结婚前在河中沐浴时，被一直爱着她的巨人阿罗哥抢回了家，然而阿拉雅被巨人阿罗哥的样子吓坏了，心脏病发作去世了，巨人阿罗哥伤心极了，最后活活哭死了，他的眼泪化为巧克力山，身体化为环绕巧克力山的布诺蔓山脉。

**[巧克力山]**

另一个关于巧克力山的传说：古时有两个巨人用石头互相投掷，巨石一块块地掉在地上，形成了数以千计、造型优美的圆锥形山头。

关于巧克力山的名字，有一种说法是来自一位英国教师，他看到旱季的小山因为上面的草被晒成了棕黄色，而形状又很像巧克力，因而将其命名为巧克力山。

**[巴克雷扬教堂]**

位于薄荷岛的巴克雷扬教堂是菲律宾最古老的教堂，建于 420 多年前，至今保存完好。

[ 巴里卡萨大断层 ]

在巴里卡萨大断层潜水，让人有一种"当你凝视深渊的时候，深渊也在凝视你"的神秘感。

[ 眼镜猴 ]

眼镜猴可以将头部转动180度，而且它跳跃的高度能比自己高20多倍。

## 落差 3000 米的海底悬崖

来到薄荷岛一定要去看一下巴里卡萨大断层，其距离薄荷岛西南处有 45 分钟航程，是顶级的潜水胜地。直接从沙滩下水，游十几米后就是呈 90 度、落差达到 3000 米的悬崖，崖壁上满是珊瑚和各种生物，超过 50 厘米长的大鱼随处可见，清澈的海水会让人有种在太空漫步的错觉。

## 娇小玲珑的塔西亚

薄荷岛上有世界上最小的猴子——眼镜猴，即当地人口中的塔西亚。这是一种只有拳头大小的猴子，它们长相奇特，眼睛奇大无比、熠熠有神，如同两个大灯泡；尾巴比身体还长，既像老鼠，又像考拉，样子十分讨人喜爱。它们生活在热带雨林中，习惯夜间活动，总是跳跃行动，灵巧地在树枝上飞跃。

# 海上的乌托邦

# 巴拉望岛

这里有菲律宾最干净的湖泊和原始的生态环境，是菲律宾最后一块处女地，被称为"海上的乌托邦"。

在我国南海的尽头，有一座由东北斜向西南的"超然于世外"的狭长形岛屿，这里是菲律宾人烟最稀少的地方，有比婆罗洲更茂密的热带丛林、不逊于帕劳的岛礁，还像马尔代夫一样有透明清澈的海水。

[巴拉望岛美景]

**曾是中国的藩属国**

在巴拉望岛南部有一个由 29 个大小洞窟组成的塔博洞窟区，考古学家在这里发现了 22 000 年前人类的骨头化石和其他文物。在中国宋朝、元朝、明朝和清朝时期，此地的众多国家一直是中国的藩属国。巴拉望岛曾是古代苏禄国的一部分，早在 1304 年的元代古籍《大德南海志》、1349 年的《岛夷志略》中便有对苏禄国的详细记载。华人给这片荒蛮地区带来了文明，对推动当地社会进步做出了不可磨灭的贡献。后来西方殖民者占领了这里，公元 1915 年，美国驻菲律宾摩洛省总督同苏禄国苏丹签订协定，从那以后，苏禄国成为菲律宾的一部分，苏禄国消亡，巴拉望岛也随之成为菲律宾的领土。

苏禄国是古代以现菲律宾苏禄群岛为统治中心、区域有时包括苏禄群岛、巴拉望岛和马来西亚沙巴州东北部的一个信奉伊斯兰教的酋长国。

[苏禄国东王墓]

明朝永乐年间，苏禄国三王（东王、西王和峒王）曾率眷属及侍从340人，远渡重洋访问中国，在回程途中，经德州时东王巴都葛叭答剌病逝，明成祖朱棣以藩王之礼安葬了东王。东王病逝后，其长子回国继任王位，其王妃和另两个儿子留在德州守墓并定居，其后裔在清朝获得中国国籍，现早已融入中国。1987年，中国与菲律宾合作拍摄的电影《苏禄国王与中国皇帝》再现了这个故事。

[塔博洞窟区]

塔博洞窟区是东南亚至今发现的历史最久远的人类遗址。

## 圣保罗地下河国家公园

巴拉望中部东海岸的普林塞萨港是岛上最大的城市，这里的圣保罗地下河国家公园世界闻名。

圣保罗地下河国家公园占地面积200多平方千米，地下河全长8.2千米，河流可以通航，1999年被联合国教科文组织列入世界自然遗产名录。

在这里可以乘坐渡船游览，沿途欣赏雄伟的喀斯特地貌、丰富多彩的钟乳石和石笋以及壮美的洞穴；也可以沿着猴子小径徒步2小时，穿越迷人的丛林，到达码头。

## 图巴塔哈群礁国家公园

图巴塔哈群礁国家公园位于普林塞萨港以东180千米处，占地面积达332平方千米，于

[圣保罗地下河]

1988年建成，1993年被列入世界自然遗产名录。它包括南北两个暗礁群，是一个独特的环状珊瑚岛礁，上面有茂密的海洋植物，保存着最原始的海洋和海底生态

**[ 科隆岛沉船 ]**

科隆岛位于巴拉望省最北面,有7个被峻峭岩壁环绕的咸水湖,其中最著名的是"全菲律宾最干净的湖泊"凯央根湖与狼鱼湖。科隆岛有超过15个沉船潜点,都是1942年被美国空军击沉的日本船,大部分船体已被腐蚀,只剩下轮廓,配合水下奇特的光影,神秘色彩十足,有的沉船距离水面不过3~5米,浮潜就能看到、摸到。

环境。这里是菲律宾排名第一的潜水胜地,也是观赏大海龟和飞禽的好地方。

## 海上的乌托邦

巴拉望岛附近约有1800座小岛,其中最具代表性的有爱妮岛、帕马利坎岛、香蕉岛、科隆岛、派斯岛,这些岛各具特色,分别有热带雨林、红树林、白色的海滩、珊瑚带和石灰石暗礁等,是菲律宾迄今为止自然生态环境保护最完好的地方之一,被称为"最后的边疆""海上的乌托邦"。

**[ 香蕉岛美景 ]**

香蕉岛最出名的莫过于这里的大"S"形沙滩,也因其酷似一根大香蕉,这座岛才得此名。

# 世界顶级漫潜之地

# 马布岛 >>>

这里的周边海域有全球最丰富的生物，是潜水爱好者梦寐以求的胜地，也是世界顶级漫潜之地。

**[ 巴瑶人的水上茅屋 ]**

巴瑶人可以不带任何设备潜入深海 20 米处捕鱼，他们延续着祖先数百年前的生活方式，唯一的交通工具是手工做的木船。

**[ 俯瞰马布海上木屋 ]**

马布海上木屋是马布岛上最奢华的水屋，也是仙本那最奢华的水屋，建筑风格颇为复古，从空中俯瞰像是古代的宫殿。

马布岛位于马来西亚仙本那的东北部，是菲律宾和东马来西亚之间的海洋中的一座海岛，海岛四周由沙滩围拢而成，位于一块占地 200 公顷的礁石上。岛小而弯曲，退潮时呈马蹄形，徒步一圈不超过 20 分钟，涨潮后整座岛屿仅有 1/5 的面积露出水面。马布岛有不逊于仙本那的风景，有大片的椰林、湛蓝的海水、纯净的沙滩和五颜六色的礁石。

> 巴瑶族又译巴夭族，是东南亚的一个民族，生活在菲律宾、马来西亚和印度尼西亚之间的海域。多数人以潜海捕鱼为生，常被称为"海上吉卜赛人"，被认为是最后一个海洋游牧民族。

### 一半是度假村，一半是贫民窟

马布岛距离西巴丹岛仅有约15分钟快艇船程，岛上一半是度假村，一半是贫民窟似的巴瑶族小渔村，居民仅有约2000人。对巴瑶人来说，海洋是一个纷繁复杂的生命体，水流、潮汐、珊瑚礁乃至红树林都是有灵魂的。

### 丰富的海洋生物

马布岛周围有良好的海洋环境，5米的浅滩之后就是垂直落差600～700米深的湛蓝海洋，被公认为世界上最罕有的小型海洋生物观赏据点。该海域中生活着大量的海洋微小生物，如虾、鳗鱼和虾虎鱼等；还有原本只能在海洋馆中看到的生物，像海龟、火焰章鱼、蓝环章鱼、海鳝和尖鳍虾虎等。

### 潜水胜地

说到马布岛，人们第一个想到的就是漫潜。所谓漫潜，即在能见度有限的浅沙海床水域潜水。马布岛上大约有12个潜点，大部分潜点要么是坚实的珊瑚礁斜坡，一直下降到淤积的海底，要么是堆满珊瑚的淤泥斜坡。比较知名的潜点有码头水域、海鳗花园、蝠鲼点、龙虾壁、蛙巢穴，漫潜、深潜、夜潜、峭壁潜水和暗礁潜水等几乎都能在这里有很好的体验。

[ 马布平台潜水度假村 ]

这是一个由钻井平台改造而来的度假村，带有跳水平台，可由此一跃跳入大海，然后潜入海底。这是一个集住宿、餐饮、潜水中心于一体的理想度假胜地，有休闲潜水、浮潜，以及一些特殊潜水服务。

[ 马布岛美景 ]

贫富差距巨大是马布岛的最大特点，岛上有2000～3000元人民币一晚的度假酒店，也有靠捕鱼生存的巴瑶人，岛的一边是高端奢华的酒店，岛的另一边是破旧木屋和贫民窟。

在马布岛及西巴丹岛潜水，必须携带及出示被认可的各潜水协会所颁发的各级潜水证书。

# 壮观的海狼风暴

# 西巴丹岛

它是马来西亚唯一的深洋岛，也是世界级的潜水胜地之一。这里的海洋中从深至浅可以看到形状各异的珊瑚、海葵、海龟，以及由成千上万条海鱼密集形成的鱼群，更有难得一见的海狼风暴。

[西巴丹岛美景]

[鱼群]

西巴丹岛也叫诗巴丹岛，坐落在马来西亚的西里伯斯海上，距离马布岛很近，乘快艇15分钟即可到达。

### 西巴丹岛如同一柱擎天

西巴丹岛的面积仅有4万平方米，如同一柱擎天，

[海底白鳍鲨]

白鳍鲨大道的水深为10～30米，在这里常能看到15条以上的鲨鱼列队游动。

从600米深的海底直接伸出海面，所以岛屿边缘的水深如断崖般急速下降，从3米浅海垂直落下为600米的深海。从空中俯瞰，西巴丹岛就像盛开在海中的一朵蘑菇花，岛上茂密的热带雨林点缀着幢幢白屋，风景迷人，但是它的美只浮在水面上三分，七分的奇幻与瑰丽都藏在水下。这里一年四季都适合潜水，被认为是世界级的潜水胜地之一、"未曾受过侵犯的艺术品"。

### 上帝专为潜水者创造

　　西巴丹岛是仙本那最精华的一座海岛，它是上帝专为潜水者创造出来的，小小的岛屿有众多的潜点，其中比较有名的潜点有西礁、北角、码头悬壁、海龟穴、海狼风暴点、珊瑚园、白鳍鲨大道、中礁、海龟镇、南角、鹿角峰、龙虾窝和悬浮花园。最受潜水者追捧的潜点是海龟镇、海狼风暴点、南角和悬浮花园。

　　西巴丹岛限制上岛人数，岛上不提供住宿，建议留宿至附近的马布岛。

[杰克鱼风暴]

### 使人震撼的潜点——海狼风暴点

海狼风暴点是一个使人震撼、还有点风险的潜点，只有专业潜水高手才能在此感受到蜂拥而至的海狼风暴。

[潜水者与鱼群]

对！你没看错，是海狼风暴，这是指一种极为凶猛的金梭鱼（真金梭鱼和鬼金梭鱼），成群急速追捕，如狼般猎杀其他鱼类的场景，它们通常不主动攻击人类。在这个潜点除了能看到海狼风暴外，还能看到杰克鱼风暴（鲹科鱼类，尤其是鲹科鱼类中的六带鲹）、隆头鹦哥风暴，以及数以千计的燕鱼在周围翻飞，场面壮观，难得一见。

此地水流湍急，潜水者可根据自己的体能潜到相应的深度，切忌潜得太深，另外为了安全，建议使用流勾将自己固定在悬崖上，观看海狼风暴。

### 与鱼群共舞之处——南角潜点

南角潜点的平均深度为20米左右，有与海狼风暴点相同的湍急水流，也有海狼风暴、杰克鱼风暴、隆头鹦哥风暴等，成群的、乌泱泱的鱼一波波地急速从潜水者身边跌跌撞撞地来来回回。南角潜点的鱼群虽然没有海狼风暴点的多，但是场面之壮观也足以让人留下深刻的印象。在南角潜点周边 40 米范围内，还是罕见的鲨鱼出没点之一，有锤头鲨及长尾鲨。除此之外，南角潜点的海底峭壁中有不少龙虾躲在其中，这里是潜水者最爱的海底探险地点。

### 绚丽无比的海底——海龟镇潜点

听名字就能知道，这里有很多海龟。在西巴丹岛的很多地方都能看到海龟，但是在海龟镇能看到的海龟比其他任何地方都多，而且潜点周边到处都是海龟的栖息处。

这个潜点的深度为 14 米，海底有形状各异的珊瑚、海葵以及畅游海葵丛中的小丑鱼，还有海绵和各种规模巨大的鱼群，就像是遗落在水中的调色盘，把海底渲染得绚丽无比。

西巴丹岛的水下世界无疑是迷人的，众多潜点从浅水到深水分布着形状各异的珊瑚、海葵、海绵、海龟、龙虾以及成千上万条鱼组成的巨大鱼群，拥有无与伦比的视觉效果！

[海底海龟]

# 宛若仙境

# 龙目岛

在著名的巴厘岛对面有一个宛若仙境的地方，它没有巴厘岛的喧嚣，却给人一种质朴、原生态、浑然天成的美感。

[林加尼火山]

"龙目"在印度尼西亚语中是"辣椒"的意思。龙目岛位于巴厘岛的旁边，也许是巴厘岛的光芒实在是太耀眼了，掩盖了整个龙目岛，以至于很多到过巴厘岛旅游的人都不知道还有座近在咫尺的龙目岛。

龙目岛位于印度尼西亚西南部的西努沙登加拉省，是小巽他群岛的主要岛屿之一。它西隔龙目海峡与巴厘岛相对，北濒巴厘海，南临印度洋。这里虽然位于热带中心，气候却舒适宜人，全年平均温度为28℃左右。

## 林加尼山

在龙目岛北半部有一座海拔高达3726米的龙目峰，学名叫林加尼山，是努沙登加拉群岛最高峰，也是印度尼西亚第二高的火山。它与巴厘岛的阿贡火山、爪哇的布罗莫火山并列为三圣山。林加尼火山是一座活火山，每年吸引无数热爱火山的人向火山口攀爬，欣赏火山地

貌。山顶的海之子湖在每天太阳初升时的景色非常壮观，东升的日出将天地劈开，仿佛再现了亿万年前地球的模样。夜幕降临，震撼人心的广阔星河又是另一番景象。林加尼火山也因此被《孤独星球》和美国《国家地理》杂志评为"此生必去的景点"之一。

林加尼山与其他火山不同，它超高的海拔吸引了下沉的气旋，不仅形成了独特的景象，还能给当地各种农作物带来雨水，所以被视为神山，受到朝拜和献祭，是很多原住民与宗教教徒的精神寄托。

### 森当吉拉双瀑布

林加尼山的山脚下有一大一小两个雨林瀑布——森当吉拉双瀑布。这是龙目岛上最大的瀑布。

小瀑布很容易到达，但是去往大瀑布却要费一番精力，因为要穿越雨林，所以最好带上换洗的衣服和拖鞋，当到达瀑布下时，四溅的水雾仿佛会将人吞噬一样，极具冲击力的水流让人震撼。

[ 森当吉拉双瀑布 ]

每年 2—3 月，库塔区还有捕虫鱼节，场面甚是热闹。

### 库塔海滩

巴厘岛的库塔海滩是个非常有名的景点，在龙目岛南部也有个库塔海滩，其景致一点也不比巴厘岛的库塔海滩逊色。

龙目岛的库塔海滩的海岸线呈新月形，海水十分清澈，颜色由远及近，从深蓝色向翠绿色过渡。海滩上的沙粒特别细腻，而且颗颗沙粒都近乎圆形，脚踩在上面特别舒服、光滑。

龙目岛是全球十大冲浪胜地之一，库塔海滩这里就分布着大部分的冲浪点，来库塔海滩游玩的人大多也是来挑战这项水上运动的。

或许是未被过度开发的原因，这里没有太多的游客，感觉比巴厘岛的库塔海滩还要更干净一些。

[ 龙目之星 ]

龙目之星是一个心形的木质观景台。离圣吉吉不远，坐落于茂密的丛林里，是龙目岛上的网红打卡地之一。

[塞隆海滩]

## 龙目岛最美的白沙滩

沿着库塔海滩一直走，便可以来到丹戎阿安海滩，它被众多游客评为龙目岛上最美的白沙滩。

丹戎阿安海滩被一个天然的马蹄形海湾环抱着，海边的细沙像白色粉末一般，沙滩缓缓地与海水接触，是一个适合游泳的天然浴场。海滩上还有一块名为"Batu Payung"的巨岩，从不同角度望去，它既像巨人的侧颜，又像一只挥舞的大拳头。

[北吉利之 M 岛]

在北吉利三岛之一的 M 岛的海底，有英国雕塑家创作的海底雕塑，由48 座真人大小的水泥雕像组成，让人叹为观止。此地适合潜水。

## 塞隆海滩

库塔海滩西边的塞隆海滩也是冲浪的好地方，它更像一个专业的竞技场，因为这里的海浪常会以滚筒状出现，许多冲浪爱好者为了挑战滚筒浪而慕名前来。这里浪大而安全，有很多冲浪教学点，是初学者学习冲浪的好地方。

## 最美北吉利三岛

龙目岛包含了 75 座岛屿，比较有名的是吉利群岛，吉利群岛又分北吉利三岛和南吉利三岛，最值得推荐的是北吉利三岛，简称 A 岛（Gili Air）、T 岛（Gili Trawangan）、M 岛（Gili Meno），这三

座岛都是有名的潜水之地。

其中 A 岛是最靠近龙目岛主岛的岛屿，潜点周围以珊瑚和小鱼品种居多，岛上的秋千也是网红打卡地；T 岛是三座岛中面积和人流量最大的岛，各种餐厅、酒吧和娱乐设施丰富，被誉为"吉利不夜城"。这里的潜点较多，有些潜点能看到海龟，甚至是鲨鱼；M 岛的环境最清幽，沙滩和浮潜的环境好，潜点可以看到海龟，离著名的水下雕像潜点也近。

### 马塔兰与圣吉吉

马塔兰建于 16 世纪，是龙目岛上最大的城市，位于龙目岛西海岸。这里也是龙目岛最繁华的地方，有许多印度教寺庙和各种商贸城，以及水上宫殿、青春泉、纳尔默达公园等景点，可满足游客购物或游玩需求，岛上有铁路与各个城市相连。

圣吉吉距马塔兰 14 千米，是龙目岛上一个有名的旅游点，以海滩而知名，圣吉吉海滩是龙目岛上最早开发的旅游景点，海水出奇的湛蓝、平静，让人觉得面对的是湖水，而不是海水。出海潜水是这里为数不多的海上运动，四周海域保护完好的珊瑚还是值得一看的。

[巴都博隆寺]

巴都博隆寺是当地一座保存最好的印度教寺庙，位于圣吉吉中心以南 2 千米的位置。"巴都博隆"意为"带孔的岩石"，因寺院下方有一个天然的洞穴而得名。站在巴都博隆寺的岩壁上，可以眺望到巴厘岛的海神庙。

[圣吉吉美景]

圣吉吉海滩边有许多酒店沿海而建，景色格外美丽。

# 潜水员最后的天堂
# 四王岛

这里不仅被潜水爱好者视为"潜水新贵"，还被海洋学家誉为"世界的尽头"，欧洲潜水协会则干脆称它为"潜水员最后的天堂"。

**[当地原住民的水屋]**
这些水屋曾是当地原住民的居所，如今很多都成了旅店。

印度尼西亚的 300 多个民族中，99% 都是蒙古人种和南岛人后裔，只有四王岛上的原住民是棕色人种，据说他们是巴布亚人和维达人（澳洲原住民）的后裔。

**[四王岛美景]**
四王岛海域散落在海中的众多小岛。

四王岛即是印度尼西亚官方所称的拉贾安帕特群岛（Raja Ampat），因为在印度尼西亚语中"Raja"是"王"的意思，而"Ampat"是数字"4"，因此当地原住民将它称为四王岛。

## 四王岛传说

相传古时候，这片海域有一只恶毒的海怪和一位善良美丽的渔家女，海怪常施法将出海的渔船掀翻，而渔家女却经常救助这些溺水的渔民，因而惹怒了海怪。海怪遂将 7 种恶念化为 7 枚石蛋，洒落在渔家女常路过的海滩。

渔家女看到石蛋后，非常喜欢，于是拾回家中，用善念感化了 4 枚石蛋，孵化出 4 位王子守护渔家女，而另外 3 枚石蛋成了海怪的帮凶，与 4 位王子搏斗，最终同归于尽。4 位王子化为四王岛，分别是卫古、巴丹塔、萨拉瓦蒂和米苏尔，另外 3 枚石蛋则被王子们击碎，散落在周围，成为四王岛周围众多小岛的一部分。

## 偏僻到无人问津

四王岛位于印度尼西亚的东北海域，与雅加达有两个时区的差异，因为位置偏僻，历史上四王岛鲜有人问津。15—16 世纪，葡萄牙、西班牙、英国和荷兰的殖民者先后殖民印度尼西亚，却没有派兵占领四王岛；就连第二次世界大战期间，占领了印度尼西亚全境的日本也只象征性地在拥有 1500 多座海岛的四王岛上驻扎了一支 18 人的小分队。至今，四王岛中的绝大多数岛屿都无人居住，从而使它得以保持世外桃源般的原始风貌。

## 潜水胜地

偏僻、少人的环境，让四王岛保留了完整的生态环境。四王岛海域拥有地球上最丰富的海洋生物，共有珊瑚 540 多种，位列世界之最；世界上 75% 的水类品种，包括鱼类 1300 多种、软体动物 700 多种，怪异和罕见的水下生物随处可见，过去几年还发现了许多新物种。因此，曾前来记录物种并收集海洋生物标本的荷兰籍科学家麦斯上岸后兴奋地说："这简直就是个海洋天堂。"

四王岛海域的海水能见度最高可达 35 米，水下除了各种生物外，还有第二次世界大战中的几艘沉船、水下峭壁、洞穴等，被潜水爱好者称为"奇迹之海"，是世界上为数不多的"骨灰级"潜水胜地！

四王岛海域广阔，潜点众多，分布较广，海域大部分潜点的深度为 10 ~ 40 米，适合各种人群潜水，但有些偏远岛屿的水下环境复杂，更适合经验丰富的潜水员。

游客在这里可以选择船宿或入住度假村，其中船宿比较贵，有豪华游轮和帆船两种，但包含了所有的餐点、住宿、潜水指南以及零食等，可以探索更多的潜点；度假村相对便宜，可以入住后报名参加潜水一日游，但需要额外付费。

四王岛除了水下是绝美的海洋天堂之外，还拥有陡峭的山坡、丛林覆盖的岛屿、灼热的白色沙滩、隐蔽的潟湖、幽灵般的洞穴、奇怪的蘑菇形小岛和透明的绿松石水域，是东南亚最美丽的岛屿链之一。

**[水下巨型鱼雷]**
四王岛红树林旁边的水下有一颗废弃的巨型鱼雷。

**[玛丽莎的花园潜点]**
玛丽莎的花园潜点是一位荷兰潜水员最早发现，并用自己女儿的名字命名的。

在巴丹塔岛西边的杰夫·范姆潜点有很多浅且碧绿的水湾和潟湖，它们和峭壁、岩洞一起组成四王岛的硬珊瑚绝佳潜点。

# 花园之岛

# 可爱岛

这里曾是《阿凡达》《侏罗纪公园》《加勒比海盗4：惊涛怪浪》《夺宝奇兵》《南太平洋》等好莱坞电影的取景之地，一不小心就让人迷失在众多美景中。

**[王后浴缸]**

相传这里是以前的原住民国王心爱的王后沐浴处，是由火山岩形成的一个环，和海水相通，像一个豪华的大浴缸。由于水流湍急，哪怕是"浴缸"里的水有时也是致命的，所以游客是禁止下水的。

可爱岛又译作考艾岛或考爱岛，位于太平洋中部夏威夷群岛的最北端，拥有600万年的历史，是夏威夷群岛8座大岛中最古老的岛屿和第四大岛。

## 神秘小矮人

在英国著名小说《格列佛游记》中，作者乔纳森·斯威夫特描述了一个奇幻的小人国，让无数中外读者都感到十分惊奇。早在公元2世纪时，可爱岛就已有人居住了，他们便是身高为60～80厘米的神秘小矮人——曼涅胡内人，在鼎盛时期高达百万人。

曼涅胡内人是天生的建筑师，夏威夷群岛上的很多历史建筑都是由他们建造的，如拦河坝、蓄水池和庙宇等，在夏威夷的波绍波弗博物馆里保存的费尔纳捷的手稿中就记载了曼涅胡内人建造34座庙宇的情景。据可爱岛的原住民老人

**[威美亚峡谷]**

威美亚峡谷里到处都是悬崖峭壁，怪石林立，经过岁月沧桑、被风雨剥蚀的岩层在游客面前呈现不同的颜色，近乎荒芜的红沙漠特征与其周围葱葱郁郁的植被形成鲜明的对比。这里的天空高远蔚蓝，浮云穿行于奇峰之间，显得非常大气、恢宏。电影《侏罗纪公园》曾在峡谷内取景。

介绍，曼涅胡内人建筑大军总是在晚上工作，每当太阳初露头，他们便会匆忙返回自己的家园。如今小矮人早已消失，留给人们的只有神秘的传说和珍贵的建筑遗址。

## 让人兴奋的景色

可爱岛的面积约为1421.9平方千米，是一座火山岛，岛上最高峰是卡威吉尼亚山（海拔1576米），其地形崎岖，峰高谷深，其中卡拉劳步道被誉为"世界十大最美徒步路线"之一。

可爱岛是一个集万千地貌于一身的袖珍地质公园，太平洋上的众多海岛各有各的奇景，如峭壁鸟巢、喷水石孔、七彩岩层、神秘峡谷、热带雨林、原始沙滩和海中的悬崖，这些都能在可爱岛上找到，无论选择何种方式游览，都有让人感到兴奋的景色。

## 原始生态花园岛屿

可爱岛被称为"花园之岛"，有茂盛的植被和与众不同的自然景色，这是由于岛上雨水众多，几乎每天都在下雨，岛中部的怀厄莱峰，年降雨量超过11.43米，居世界降雨量之最，也被称为世界上最潮湿的地方。充沛的雨量造就了茂密的热带雨林、纵横交错的河流和飞流直下的瀑布。这些不可多得的美景吸引了众多好莱坞的大牌制片人，有超过70部好莱坞电影在此取景，包括《阿凡达》《侏罗纪公园》等，因此被美国电影界誉为"万能背景画"。

可爱岛的景色被卡威吉尼亚山一分为二，这座山就像屏障一样，阻挡了北太平洋的东北信风，湿润的空气在这里徘徊，变成雨水掉落下来，常年降雨的一面因此变得郁郁葱葱；背风一面则成了罕见的少雨区，景色以大片的荒漠为主，颇为奇特。

可爱岛上的房屋都很矮，所有建筑都不能比椰树高，

[卡拉劳步道]

卡拉劳步道全长约17.7千米，是多部电影如《侏罗纪公园》《金刚》等的取景地。

[可爱岛丛林秘境中的瀑布]

[ 可爱岛纳帕利海岸直插天际的碧绿悬崖 ]

[ 夏威夷僧海豹 ]

可爱岛波普海滩上生活着夏威夷僧海豹，这是一种古老而稀有的海豹，是世界上唯一一种一生都在热带海域中生活的海豹，出没在南半球水温较高的温暖海洋，属于世界级一类保护动物，濒临灭绝。

因此没有什么高楼大厦，连超过 4 层楼的建筑都很少，而且仅有少量的土地被当地人用来建房，这里的一切都保持着原始生态。

### 密集的海滩

可爱岛的海岸线上分布着 69 个壮观、纯净的白色沙滩，远比夏威夷群岛其他岛屿的沙滩更多、更密集，每个沙滩都有独特的风景。其中波普海滩被评选为"美国最佳海滩"，也是可爱岛最著名和最安全的海滩之一，在这里可以看到座头鲸、夏威夷绿海龟以及极度濒危物种之一夏威夷僧海豹；这里也是一个有名的浮潜和划皮筏艇地点。离波普海滩不远处还有著名的号角喷泉，是可爱岛不可错过的景点之一。

纳帕利海岸位于可爱岛北海岸，是夏威夷群岛上最壮观的海岸线之一，海岸线上有鲜绿的高耸尖塔，这里是背包客旅游的天堂。

### 威陆亚河童话世界

在夏威夷群岛的众多岛屿中，可爱岛是唯一一座有河流穿过且可以通航的岛屿，这条河就是威陆亚河。威陆亚河沿岸的丛林秘境如同满是绿色的童话世界。

[ 波普海滩 ]

# 真实的人间天堂

# 天宁岛

它既有塞班岛的热烈，也有罗塔岛的宁静，天然的乡村美景、淳朴的岛民、火红的凤凰花、壮观的"喷水海岸"、洁白的塔加海滩，构成一个真实的人间天堂。

天宁岛又名提尼安岛，是美国的海外领地，位于塞班岛的南面 6 千米处，是北马里亚纳群岛联邦的第二大岛，面积比塞班岛稍小。

天宁岛和塞班岛的历史大同小异，第二次世界大战结束后，美国获得了托管北马里亚纳群岛的权力。1976 年，北马里亚纳群岛全民公投，正式成为美国领土的一部分。

### 原子弹装载地

天宁岛的面积为 102 平方千米，岛上只有一条主公路，从岛屿的北方起，沿着公路前行，背倚美丽的热带植被覆盖的山脉，第一个值得驻足的地方就是天宁岛北方的机场，这是日本人在第二次世界大战前建的，是一座关闭后被废弃的机场。

据记载，1944 年美军占领天宁岛后，曾将此地扩建为当时全世界最大的空军基地。第二次世界大战中赫赫有名的两颗原子弹"小男孩"和"胖小子"便是从此地装载上 B-29 轰炸机并起飞，摧毁了日本的长崎和广岛两座城市。

**[天宁岛独有的辣椒酱]**

天宁岛独有的野生辣椒是目前世界上已知的最小的辣椒，被原住民戏称为"DONNE SALI"，意为"丛林鸟播撒的种子"。

北马里亚纳群岛由 15 座岛屿组成，塞班岛、天宁岛和罗塔岛是其中最大的三座岛屿。

据说岛上现有居民只有 3000 人左右，其中 500 ~ 600 人供职于该岛唯一的酒店——天宁皇朝酒店。

天宁皇朝酒店中有品种非常多的赌博游乐机，是一家合法赌场。正因为这家赌场的存在，使得天宁岛有了"马里亚纳群岛的拉斯维加斯"的别称！

## [装载原子弹的地方]

当年装载原子弹的地方是个长方形的坑，如今坑的上方装了玻璃罩。边上则竖立着一块介绍牌，可以让人们更清楚地了解当年装载原子弹的情况。

## [B-29轰炸机]

这是美国波音公司设计生产的一种四引擎重型螺旋桨轰炸机。B-29轰炸机的命名延续自B-17飞行堡垒，是美国陆军航空队在第二次世界大战亚洲战场的主力战略轰炸机，是当时各国空军中最大型的飞机，也是当时集各种新科技于一体的最先进的武器之一，被称为"史上最强的轰炸机"。直到20世纪60年代早期才全部退役。

如今这里被改建成了绿意盎然的纪念公园，公园内有当年装载两颗原子弹的载井遗迹，供游客免费参观。

### 日本空军指挥部遗迹

在废弃的天宁岛北方的机场不远处有一栋小楼，其底层是第二次世界大战时期日本空军指挥部及机要部门所在地，而二楼就是供日军享乐的歌舞厅等。这栋小楼在第二次世界大战中被美军炸毁，其残骸依然矗立在路边，从其残存的建造结构，依旧可以看到当年辉煌的样子。

### 喷水海岸

喷水海岸位于天宁岛的东南角，这里的地形复杂，遍布着一整排大小不同、不规则的火山岩溶洞，这些溶洞是因百万年海浪冲击火山岩而形成的。当潮水扑打过来时，溶洞的回声会发出惊人的巨响，除此之外，海水还会随着浪涌，穿越洞口直朝空中喷出数丈高，就像鱼喷出的水柱一般，因而被称为喷水海岸。如果运气好的话，还能见到水雾

## [喷水海岸]

在风浪大时，喷水海岸的潮水喷出的水柱最高可达18米，相当壮观。

喷水海岸地形复杂，尤其有非常坚硬的礁石，所以游客要选择鞋底较硬的鞋子保护自己的脚，防止被凸起的礁石划伤。

折射出的若隐若现的彩虹，是游客到天宁岛的必游景点。

### 塔加屋遗址

塔加屋遗址位于天宁岛南部，是原住民查莫罗人建造的石屋遗迹。据说这间石屋是酋长的宫殿，距今已有3500年的历史，石屋由12根巨大、坚硬的石灰石和珊瑚礁柱子撑起，这些石头被称为"拉提石"，最高达6米，现在仅存一根约3米高的柱子。

整个北马里亚纳群岛上的原住民都将拉提石视为神物，称其为镇岛石柱，据说拉提石不能倒，否则将有大灾难来临，到塔加屋膜拜，则可以保佑情侣们的爱情像镇岛石柱一样天长地久。

### 塔加海滩

从塔加屋遗址继续向西走，便是位于天宁岛西南角的塔加海滩，它是天宁岛上最大的海滩。这里拥有延绵的白色沙滩，海水深浅不一，透明度极高，天气好时甚至可以看到海底。海底呈现的景色也各不相同，如同梦境一般，像是打碎的金色翡翠，不禁让人莫名的怜惜，不忍打扰，这里适合不同水平的潜水者来此潜水，也是热门的广告拍摄地。

### 丘鲁海滩

丘鲁海滩位于天宁岛南端的西北部，在第二次世界大战中，美军攻下塞班岛后转战天宁岛，放出欲从天宁港登陆的假消

[ 日军空军指挥部遗址 ]

据说这栋楼的底层当年是日军空军指挥部及机要部门所在地，而二楼就是供日军享乐的歌舞厅等。它在第二次世界大战中被美军炸毁，其残骸依然矗立在路边，从其残存的建造结构，依旧可以看到其当年辉煌的样子。这是一个被废弃的第二次世界大战遗迹，除少数"二战"迷外，鲜有人知道这个地方。

[丘鲁海滩]

2018年天宁岛遭遇了50年未遇的超强台风"玉兔"的袭击,受灾严重,停水停电3天。大片房屋、树木受损。

天宁岛上每年都会举行天宁岛庆典,除了可以享受丰盛的食物、骑马比赛以外,还会评选出节日皇后。

[美军抢滩登陆照]

第二次世界大战时,丘鲁海滩是美军抢滩登陆天宁岛之地,如今这里成了观赏星沙和垂钓的极佳地点。

息,却突然从丘鲁海滩登陆,使得日军措手不及,被美军一举攻下该岛。因此,丘鲁海滩也被称为"登陆海滩"。

丘鲁海滩与塞班岛的星沙滩一样,是由细小的珊瑚礁碎片组成的,沙子是长角的,像星星一样。传说,每当流星划过夜空,人们便会对着流星许下心愿,这些流星便带着人们美好的心愿坠入了太平洋中,日积月累,年复一年,被海水冲刷成有棱有角的星星沙,如果能捡到八角星沙就会获得好运。不管传说是否真实,与情人一起寻找八角星沙,一定是一件很浪漫的事!而且与塞班岛不同的是,这里的星沙是可以带走的。

# 未雕琢的宝石

# 罗塔岛

这里有宁静的白沙滩、险峻的火山峭壁和苍翠的热带丛林，更难得的是远离人烟，被称为"北马里亚纳未雕琢的宝石"。

★　★

罗塔岛旧称萨尔潘岛，位于关岛和塞班岛之间，是北马里亚纳群岛联邦的第三大岛屿，属于美国的海外领地。

### 纯天然的景色

罗塔岛距离塞班岛西南大约 100 千米，乘坐飞机从塞班岛出发，30 分钟便可以到达。岛上居民不多，游客更少，这里有宁静的白沙滩、险峻的火山峭壁和苍翠的热带丛林，犹如一个遗世独立的乐园。

罗塔岛上没有公共交通工具，也没有红绿灯，可以选择租车、骑行或者徒步的方式出行。岛上的风景绮丽，有"旧日本炮台""Pinatang 公园""海洋乐园"，还有由天然钟乳石形成的巨型山洞"塔加洞穴"、泰泰多海滩和位于巨型石灰岩洞内的"罗塔山洞博物馆"、塔加石场等景点。

### 潜水者的最爱

罗塔岛海域的海底地形多样，有平坦的海滩、水下岩石和峭壁构成的复杂海底以及深邃的海底洞穴等。这里的潜点众多，有蘑菇城潜点、Sailgai 隧道潜点、矮人屋潜

[ 塔加洞穴 ]

[ 塔加石场 ]

塔加石场也叫拉提石采石场，记载了原住民查莫罗人的神秘历史，在这里可以探索古代查莫罗人是如何将石灰岩切割成巨大的拉提石的。

点、罗塔洞潜点、圆桌潜点和沉船潜点等。其中罗塔洞潜点最著名，其位于海面下约 12 米的地方，当进入这个潜点时，可以看到从上方倾泻下来的光柱，被称为聚光灯，灯光的形状会随深度变化而变化，特别美丽。这里

[探索沉船]

沉船潜点的海水能见度非常高，潜水者能够在水下看到沉船的整体轮廓。这是一艘第二次世界大战时期沉没的大型日本货船，船上有大量废弃的货物，如坦克、单车、各种瓶瓶罐罐甚至大浴缸。

最佳的潜水时间是 5—7 月。在这片海域潜水时能看到羊鱼、黄色斑点的皇帝鱼、刺尾鱼、鹦鹉鱼、石头鱼、白翅尖鲨等。罗塔岛所有的潜水活动都是通过船潜完成的，潜点大多都在 10 分钟的航程内，平均水温稳定在 28 ～ 30℃，是一个不可多得的潜水胜地。

[罗塔岛北边的天然游泳洞]

# 最孤独、最美丽的地方

# 伊莎贝拉岛

想要见证生命和地球的演变？希望在世界尽头吹海风？渴望超现实的体验？不如直奔伊莎贝拉岛，这里有特殊的自然环境，奇花异草荟萃，珍禽怪兽云集，被称为"生物进化活博物馆"，是全世界上唯一不能被复制的风景。

伊莎贝拉岛是加拉帕戈斯群岛中的一座岛屿，属于南美洲国家厄瓜多尔，它形如一只棕色的海马，在大航海时代，这里长期由西班牙统治，因此以西班牙女王伊莎贝拉一世的名字命名。

### 独特而完整的生态系统

伊莎贝拉岛中央屹立着 5 座高大的活火山：沃尔夫、内格拉、塞罗阿祖尔、阿尔塞多和达尔文，有的火山口常年积水成湖，像一颗颗明珠反射着太阳光，璀璨夺目；其中沃尔夫火山在 2022 年 1 月曾爆发。在火山与沿海沙质地带之间是覆盖着林木、藤本植物和兰花的丘陵地带。为了保护原始的生态，整座岛上没有任何跨岛公路或隧道，该岛东南端的维利亚米尔港是中心城镇，大多数岛民都居住在这里。

伊莎贝拉岛由于长期与世隔绝，造就了岛上独特而完整的生态系统，拥有不少罕见的花草树木和飞禽走兽，如象龟、达尔文雀、加拉帕戈斯企鹅、海狮、海鬣蜥、陆鬣蜥和沙宾叶趾虎等，其中的许多物种在世界上都是独一无二的，如不会飞的鸬鹚和企鹅，还有活了上百年的象龟。

### 达尔文之后这里便成了圣地

1835 年，26 岁的达尔文跟随英国海军测量船"小

[ 伊莎贝拉岛美景 ]

[ 伊莎贝拉岛上深邃的火山洞 ]

**[伊莎贝拉岛象龟]**
伊莎贝拉岛象龟分布于伊莎贝拉岛的塞罗阿祖尔火山山麓，为现存最大的龟类，成年龟背长极限达1.8米，寿命可达200年，被列入《世界自然保护联盟濒危物种红色名录》。

加拉帕戈斯群岛的意思是"巨龟之岛"，后来该群岛被厄瓜多尔共和国统治，继而有了"科隆群岛"这个新名字。

这里的动物不怕人，各种动物见到人会一动不动，丝毫不害怕，好像游客真的都是"游客"，它们才是这片天地的主人。

猎犬"号来到加拉帕戈斯群岛，其中最主要的落脚点就是伊莎贝拉岛，他很快迷上了这个群岛。通过研究岛上的物种，为他的"进化论"提供了有力的证据，并于1859年发表了《物种起源》一书，从此加拉帕戈斯群岛便成了许多生物学家及爱好者必去的"圣地"之一。后来，人们为了纪念达尔文，便在加拉帕戈斯群岛的圣克里斯托瓦尔岛上建造了达尔文的半身铜像纪念碑及生物考察站。

## 生态环境遭破坏

伊莎贝拉岛虽然地处赤道，但是由于受到寒冷的秘鲁洋流影响，周围海域的海水和岛上的气温都不高，年平均气温为25℃，降水量也不大，四季适宜，给植食性和肉食性动物提供了食物来源，是热带生物的天堂。但是，随着它的名气变大，吸引大量的人前来，有海盗、捕鲸人、渔民、科学家和游客等，导致岛上的生态环境遭到破坏，威胁生物的生存，因此保护伊莎贝拉岛的生态已经成了当前最紧迫的任务。

加拉帕戈斯群岛上80%的鸟类、97%的爬行动物与哺乳动物、30%的植物以及20%的海洋生物都是特有的，共有86种特有的脊椎动物，其中8种哺乳动物、33种爬行动物、45种鸟类；101种特有的无脊椎动物；168种特有的植物。

**[沙宾叶趾虎]**
沙宾叶趾虎只分布在伊莎贝拉岛北部的沃尔夫火山上，全部栖地面积不足250平方千米。

**[达尔文雀]**

# 世界顶级沉船潜水胜地
# 楚克岛

这里有美丽的环礁湖，水下除了有美丽的珊瑚之外，更沉睡着大量的沉船和飞机残骸，是世界上最大的沉船墓地，也是世界顶级沉船潜水胜地。

楚克岛位于南太平洋关岛东南 1000 千米，是密克罗尼西亚联邦的一个州。楚克岛周围约有 2129 平方千米的环礁，是世界上最大的环礁。

## 云中之山

"楚克"在马来语中的意思是"云中之山"。楚克岛呈三角形，中间有一个礁湖，是天然的舰船停泊之地，它是加罗林群岛的心脏，这里没有什么历史悠久的古迹和灯红酒绿的娱乐场所，也没有什么稀奇古怪的民风习俗，只有大海和珊瑚礁，最大的特色就是沉船。

## 沉船潜水胜地

楚克岛雄居南太平洋，战略地位十分重要，在第二次世界大战期间，成为日本在太平洋上最重要的海空基地，被誉为"太平洋上的直布罗陀"和"日本的珍珠港"。1944 年 2 月 17 日，美军对这里进行空袭，包括 3 艘巡洋舰、4 艘驱逐舰、2 艘潜艇、3 艘小型战舰以及 32 艘商船被击沉，270 架飞机被炸毁，3000 名日本海军士兵被炸死。如今，这里堪称世界上最庞大的水下船坞，从战舰到商船，再到潜艇应有尽有，沉船残骸和珊瑚礁成了楚克岛水下的一道亮丽风景，也成为缤纷的海洋生物的家园，有蝙蝠鱼、多样化的海葵、珊瑚等。另外，斑马鲨鱼也经常出现在沉船残骸的周边海域。这些沉船成就了这里的"世界顶级沉船潜水胜地"之名。

据说，楚克岛拥有世界上 70% 的金枪鱼产量，位列全球之冠。

1942年6月，日本在中途岛战役中失利，鉴于不利形势，日本联合舰队司令官山本五十六将联合舰队司令部迁移至楚克港，该港就此成为日本海军的大本营。为了应付以后更激烈的战斗，日本苦心经营着楚克港，将其变成一个军事要塞，其规模不次于美国海军基地珍珠港，因而也被誉为"日本的珍珠港"。

在战争期间，日本联合舰队司令部所在的楚克港一直很神秘。楚克群岛是日本"绝对防卫圈"链条上的重要堡垒，岛上建有机场，拥有强大的空中攻击力量，战略地位相当重要，甚至被称作"太平洋上的直布罗陀"。

日本占领楚克岛后，进可攻、退可守，既可以支援吉尔伯特和马绍尔群岛，又能威胁新几内亚和所罗门群岛，为帕琉和菲律宾建立防御屏障，甚至还能为日本本土建立一道屏障。

但日本占据楚克岛却成为美军从中太平洋进攻的障碍，1944年，美国海军航母舰载机对楚克岛的三次空袭取得了令人满意的战果：楚克岛被炸得面目全非，基本丧失了作为一个军事基地的重要价值，总共击沉日军各种舰艇47艘，摧毁飞机298架，日军人员损失达1875人。

[沉船残骸]

## 山雾丸（Yamagiri Maru）

山雾丸沉没的地点距离任何一座岛都不远不近，最浅处的右舷深度仅有12米。它在战斗中沉没后，不到1分钟的时间里，12名船员相继失去了生命，如今在海底残骸中依旧可以看到这些船员的尸骨。山雾丸的主要看点是5号货舱里的炮弹，这些超级巨型的炮弹无论从什么角度看都让人震撼。

## 神国丸（Shinkoku Mar）

神国丸是一艘大油轮，长度超过152米，以直立的姿势搁置在一个斜坡上，桅杆的浅部为10米深，但它的底部却达到40米，操作表和燃料瓶现在依然可见，厨房内可找到瓷器、炊具和炉灶，机房的天窗让想要观看引擎的潜水者可以轻易地进入。它也是楚克岛最上镜的沉船，有大量的硬珊瑚和软珊瑚、海绵以及丰富的鱼类，有时还会有鲨鱼出现。它的体积庞大，可以让潜水者进行多次潜水，是世界上最好的沉船潜水目的地。

## 平安丸（Truk Lagoon）

平安丸的残骸位于维诺岛和托诺瓦斯岛之间，沉船的底部深度只有33米，最浅的地方距离水面只有11米，是楚克岛"幽灵舰队"中最大的一艘船，船顶部的枪是摄影爱好者青睐的主题，最让人印象深刻的是其侧舷上至今依然清晰可见的英文和汉字船名。

## 富士川丸（Fujikawa Maru）

富士川丸的残骸是一个迷人的探索地。它沉没在竹岛附近较浅的水域，两根桅杆伸出水面，船舱内还能看到停放的日本战斗机在遭到攻击之前的样子。这里可以看到大海狼、灰礁鲨、杰克鱼群和海龟等，是早期楚克岛沉船潜水的代名词，现在则成了被人为破坏较严重的沉船之一。

# 西海岸的夏威夷

# 圣卡塔利娜岛

圣卡塔利娜岛被称为"西海岸的夏威夷",是各界名流常去度假的地方,如玛丽莲·梦露、卓别林、格利高里·派克等都曾到过这里度假。

圣卡塔利娜岛位于美国洛杉矶西南部的太平洋海域上,是美国海峡群岛中的岛屿,是加利福尼亚州8座岛屿的其中一座,距离南加州海岸35千米。

### 一座小城和两个海港

圣卡塔利娜岛只有一座主要小城阿瓦隆和两个海港。阿瓦隆仅占地约2.6平方千米,在这里汽车数量被严格控制,通常要等14年才能获准拥有一辆汽车,所以岛上的居民大多用电动车作为他们的交通工具,最受推崇的出行方式就是徒步。阿瓦隆城虽小,但是五脏俱全,在岛上的基本生活都能满足,离小城不远有个隐士峡谷,是不错的休闲之地。

阿瓦隆旁边就是两个海港,目前两个港口大约只有300名居民。这里的海水很清澈,呈浅浅的绿松石色,海滩边有一条西班牙风情的步行主街,还有能提供海滨野营的场地,是一个浮潜、划皮划艇和露营的好地方。

[ 玛丽莲·梦露和她的丈夫在圣卡塔利娜岛 ]

圣卡塔利娜岛狐狸是地球上濒临灭绝的30种珍稀动物之一,全球仅存572只。

[ 玛丽莲·梦露和她的丈夫在圣卡塔利娜岛 ]

[ 阿瓦隆特色建筑 ]

这是阿瓦隆最具特色的建筑,也是网红打卡地,以前曾是一家赌场。

[ 西班牙风情街指示牌 ]

[ 圣卡塔利娜岛海岸 ]

## 迷你荒野

出了阿瓦隆就是广阔、荒无人烟的地区,被当地人称为原始内陆区,圣卡塔利娜岛的原始内陆区有 88% 的土地未经开发,需提前申请,经过批准才可进入。这是一个迷你荒野,更是珍稀物种的栖息地,里面生活着 60 余种世界上独有的植物、动物和昆虫,包括圣卡塔利娜岛狐狸。

## 陡峭大海墙

圣卡塔利娜岛的海域中有陡峭大海墙,还有漂亮珊瑚形成的海底峡湾,海洋生物极其丰富,鱼类和甲壳类品种繁多,有沙丁鱼、金枪鱼、石斑鱼、金线鱼、墨鱼、带鱼等,此外还有满海的如同流星坠入海面的"小飞鱼",还可以看到海狮慵懒地躺在海面上仰泳。

# 奇怪的蘑菇状火山群岛

## 洛克群岛

这里礁石横生，上面布满生机盎然的热带植物，沙滩被适温的海水围绕，充满碧绿与湛蓝交融的生动色彩，是"世界上最大的无人群岛"之一。

[ 鸟瞰洛克群岛 ]

洛克群岛直译为岩石岛，属于帕劳，由250～300座石灰岩岛屿组成，是百万年前浮升起来的古老礁脉，所辖陆地面积只有47平方千米。群岛布满了浓密森林，形如一朵朵绿色蘑菇，南面的岛屿上有沙滩，景观十分美丽。

### 因《幸存者》节目而闻名

洛克群岛有"水上花园"之称，长满植物的石灰石和珊瑚石突出海面，岛上有很多隐藏的礁湖及各种湖泊，其间生活着大量独特的生物。因

洛克群岛海底大断层是世界公认的七大海底奇观之首，海洋颜色更是呈现7种颜色，故有"彩虹故乡"之称，令人惊叹。

洛克群岛的水母湖是世界上唯一的无毒水母湖，成千上万的水母在里面生存。

据统计，洛克群岛有超过1400种鱼类和至少500个不同的珊瑚品种，还是联合国建立的第一个"鲨鱼保护区"，可以人鲨共舞。

[ "微型人" 遗骸 1]

2005年初播出的美国真人秀《幸存者：帕劳群岛》而闻名。

### "微型人" 遗骸

洛克群岛如今无人居住，但有证据显示，在过去数千年里有多个人类种群在这里生活过，其中一个最令人好奇的证据就是洛克群岛"微型人"遗骸。

在发现洛克群岛"微型人"遗骸之前，人们一直认为微型人与霍比人有血缘关系，如今科学家开始相信微型人是古代帕劳人，其身材矮小是因受到岛屿矮态的影响，体型庞大的动物经过几代进化后变小了。

### 七彩软珊瑚区

洛克群岛沿海有众多的海滩可潜水，其中最有特色的是七彩软珊瑚区，它位于洛克群岛的西侧海域。该区域的洋流比较强劲，在小岛的底部有小洞连接着两边的海域，随着潮涨潮落，海水在石洞的水道中形成强劲的水流，而且每几分钟水流就改变一次方向，不断地进出，为软珊瑚提供了很好的生存环境。在此处浮潜观赏软珊瑚，甚至可以清晰地观察到其柔软的水螅体绒毛，软珊瑚就好像海里盛开的花朵，随着水流摇曳生姿。

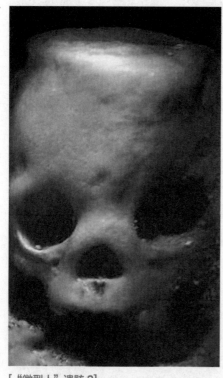

[ "微型人" 遗骸 2]

"微型人"遗骸是在洛克群岛的奥麦科德尔洞穴中被发现的。

一项最新研究称，数千年前生活在印度尼西亚一座偏僻小岛上的霍比人，可能是由完全直立行走的第一批人类进化而来的。这种人的像柚子大小的颅骨里的大脑，比一个体积为426立方厘米的橘子还要小，大约是现代人的脑容量的1/3。

印度洋篇

# 探寻海盗遗迹之地

# 布拉哈岛

这里有洁白细腻的沙滩、粗壮茂盛的棕榈树和五彩缤纷的珊瑚，不仅可以享受阳光、沙滩，体会浪漫的法式风情，还可以探险潜水，挑战自我，被誉为"热带岛屿天堂"。

[ 布拉哈岛美景 ]

据说，在布拉哈岛的宝藏中，其中随便一件就可以让人舒舒坦坦地过几年，而且令人羡慕的是这些宝藏全部归发现者所有。

布拉哈岛又叫圣玛丽岛，位于南半球非洲大陆的东南部，是马达加斯加东海岸的一座岛屿。该岛屿长 60 千米，宽 10 千米，面积为 222 平方千米，是曾经的海盗大本营，也是观赏座头鲸的热门地点。

[ 《加勒比海盗》剧照 ]

### 海盗的大本营

布拉哈岛是一座偏僻的岛屿，却处于印度与欧洲航线之中，岛上布满了石头和茂密的椰树，是一个非常好的藏匿之地。17—18 世纪时引来大量的海盗聚集，打劫南来北往的商船，这里一度成为海盗的大本营。

海盗们在布拉哈岛上逍遥了 100 年

左右，他们活着时在这里纵情狂欢，死后也埋葬在这里。据记载，布拉哈岛上埋葬了数千名海盗，是世界上唯一一个知名的"海盗坟场"，其中还有 17 世纪最疯狂的海盗托马斯·图，他的墓碑上刻有海盗的象征骷髅旗，即一个颅骨底下画着交叉的长骨。

布拉哈岛不仅埋葬了海盗们的尸体，还掩埋着他们抢劫来的财宝。在布拉哈岛周围的海底曾发现 3 艘古船遗骸，这些船或许是海盗船，也或许是被掳掠的商船，船内发现了大量的财宝，包括金币、金银器皿、古兵器、陶器等。

布拉哈岛见证了海盗从黄金时代到衰落的整个过程，这里的海盗也曾对西班牙、法国及英国的殖民活动造成影响。

## 观鲸之地

布拉哈岛有"鲸鱼之都"的美称，是印度洋观赏野生鲸最好的地点之一。布拉哈岛与马达加斯加岛之间的狭窄海峡，每年的 7—9 月会有大量从南极而来的座头鲸游到这里进行交配和分娩，是座头鲸的重要繁殖地之一。座头鲸受荷尔蒙的刺激，会腾空跃出海平面，激起巨大的浪花，场面非常壮观。

布拉哈岛还是一个潜水胜地，潜点有很多，如椰子湾、阿尼沃拉诺岩石等。

[ 托马斯·图的海盗旗 ]

托马斯·图是 17 世纪的希腊私掠船长、海盗，出身于罗德岛，通过贿赂官员取得袭击法国港口的私掠许可证，但托马斯·图违背私掠许可证的约定，拉拢船员沿达·伽马的航线往印度洋前进，因此他也被称作"海盗中的达·伽马"。

[ 墓碑上的骷髅旗 ]

托马斯·图曾在红海劫持过一艘莫卧儿帝国的宝船，他制服了船上 300 名印度士兵，获得船上的许多财宝，随后更贪婪地沿着阿拉伯和印度的海岸线展开长达 2.2 万海里的疯狂劫掠。

[ 座头鲸 ]

[ 辐射陆龟 ]

布拉哈岛上有一种辐射陆龟，也叫放射陆龟，是一种龟甲花纹非常美丽、成辐射状的陆龟。

# 天堂的原乡

## 毛里求斯岛

"毛里求斯是天堂的原乡，因为天堂是依照毛里求斯这个小岛而打造出来的。"马克·吐温曾在一篇文章中这样形容毛里求斯，于是这里便被赋予了"天堂的原乡"的美名。

毛里求斯是非洲国家，但它距离非洲大陆最东端有 2200 千米，中间还隔着一座面积巨大的马达加斯加岛。

[ 莫里斯王子 ]

莫里斯王子（1567—1625 年）是指拿骚的莫里斯，他是荷兰国父奥兰治亲王的儿子，在父亲死后继位，以其出众的军事天分而闻名于世。

毛里求斯岛位于印度洋西部，是一座由火山喷发而形成的岛屿，岛上熔岩广布，多火山口，形成了千姿百态的地貌：沿海是狭窄的平原；中部是高原山地，有多座山脉和孤立的山峰，森林茂密，多黑檀、桃花心木等名贵树种，景色颇为壮观。除了绮丽的自然风光之外，毛里求斯还是动物的天堂。

### 以荷兰莫里斯亲王的名字命名

毛里求斯岛的面积为 1865 平方千米，占毛里求斯国土面积的 90% 以上，位于亚洲、非洲和大洋洲大陆的中间，俗称"印度洋门户的一把钥匙"。毛里求斯岛的历史最早可追溯到 10 世纪左右，东非沿岸的斯瓦希里人曾到达此地，称它为迪纳·阿鲁比。1505 年葡萄牙航海家佩德罗·马斯克林发现了该岛，取名蝙蝠岛；1598 年荷兰殖民者进驻此岛，并以荷兰执政莫里斯亲王的名字命名为"毛里求斯"。之后，荷兰东印度公司引进甘蔗，该岛的制糖业发展很快，甘蔗成为这里的单一种植作物。

此后，毛里求斯岛成了列强们争夺奴

役的地方，先后被荷兰、法国和英国统治，直到
1968年毛里求斯宣布独立，成为英联邦成员国。
在经济方面，毛里求斯仍保持单一种植制度，甘
蔗种植面积占总耕地面积的93%。

### 透明到极致的小岛

　　毛里求斯岛就像一块碧绿的翡翠，被周边一
层浅绿色、如同水晶的海水包围着，浩瀚、蔚蓝
的印度洋上高达两三米的巨浪拍打在毛里求斯
岛的海岸上，如同给它绣上了一圈白色闪亮的
花边。

　　毛里求斯岛周边的海水呈绿色、橙红色和白
色等自然色彩，混合起来就变成了一幅充满神秘
感的图画。除岛屿南部一小段海岸线外，几乎整
座岛都被珊瑚礁包围着，这里拥有430多种不同
的水下生物，包括200多种不同的珊瑚和大量的
鱼类，如鹦鹉鱼、石斑鱼、小丑鱼等，是一个潜
水的好地方，无论是新手还是潜水专家都能在这
里找到潜水的乐趣。

### 路易港

　　路易港位于毛里求斯岛西北海岸，是毛里求

**[自然桥]**

这是一座如桥梁一样的悬崖，下面是汹涌澎
湃的巨浪，使人不禁感叹大自然的鬼斧神工。

　　在1505年以前，毛里求斯岛
上还是荒无人烟。当葡萄牙航海家
佩德罗·马斯克林登上该岛的时候，
见一群蝙蝠扑棱棱地飞起来，于是
他干脆把它叫作"蝙蝠岛"。

**[电影《分手大师》取景地]**

毛里求斯灯塔岛是电影《分手大师》的取
景地。

斯的首都，也是主要港口。路易港建于1735年，由法国总督布唐奈斯所建，并以法国国王路易十四的名字命名。这里聚居着非洲、欧洲、阿拉伯和印度等各种肤色的人，以及众多的华侨。

路易港既有西方式的议会大厦、市政厅、教堂等，也有阿拉伯式的清真寺、印度式的寺院和中国式的庙宇，还有许多殖民时期的建筑，如阿德莱德堡。除此之外，路易港还有一座自然博物馆，馆内藏有一具已经灭绝的渡渡鸟的骸骨，这种鸟是毛里求斯的象征。

[阿德莱德堡]

阿德莱德堡位于路易港东南面的炮台山上，可以俯瞰整个路易港。这是一个军事防御堡垒，未对外开放，但是付费给看守后可以进入。

### 神奇的海底"瀑布"

毛里求斯有一条世人皆知的巨大海底"瀑布"。这是一条非常神奇的"瀑布"，由大量银白色的"水"顺着海底悬崖边直冲而下，很快就没入了更深、更黑的海底深渊，如同《山海经》中描述的归墟之地，海水不断被吞噬。为什么海中会出现瀑布这样的奇景呢？

这是因为海水受到光的折射影响，折射出各种不同的颜色，再加上海底的细沙和淤泥顺着洋流源源不断地流向地势稍高的大陆架边缘，然后顺着大陆架边缘坠入数千米深的海底。从高空中俯瞰，就像看到真的瀑布一样。

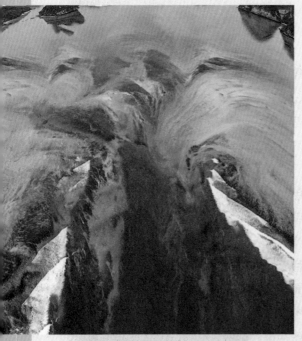

[毛里求斯海底"瀑布"]

毛里求斯是"世界五大婚礼及蜜月胜地"之一，每年都吸引不少明星前去办婚礼、度蜜月。

### 七色土

造物主似乎不曾在毛里求斯这块画布上吝惜过任何色彩。

在毛里求斯岛西部的夏马尔村一座被

树木包围的密林中，有着世间独一无二的奇观，这是火山爆发时喷出的岩浆，在强烈阳光照射下发生化学变化而形成的七色土。红、黄、紫、橙等颜色的泥土层次分明，形状像座小山，中间隆起，与东西两边的山坡相接，南北两侧的缓坡伸向平地，就好像一道道彩色的水流奔向两边的丛林。如今这里已经开发成为一处封闭式的小公园，是在毛里求斯岛旅游时必到的景点之一。

据说，当年一位法国甘蔗种植园主发现在此地无论如何施肥或者换种也长不出任何作物，便请专家来此勘察，七色土奇观由此揭开。

### 与中国类似的文化

毛里求斯有许多习俗与我国类似，比如，祭祀祖先、烧香拜佛、清明扫墓等。毛里求斯岛的"关帝庙"的香火是各种神庙中最为鼎盛的。据记载，早在18—19世纪时就有广东人和福建人向毛里求斯岛移居，在清末和民国初年曾发生过一次大规模的移民潮。他们大都是来此经商，同时也将我国的风俗带到了这里。

毛里求斯岛素以风光旖旎而著称于世，它有着一张典型的非洲面孔——热烈奔放，骨子里却透露着法国的浪漫、英国的优雅和中国的内敛。

[红顶教堂]

红顶教堂位于路易港，有着红色的屋顶、白色的墙面、绿色的草坪，再加上蓝色海洋作为背景，使这里成为毛里求斯的浪漫之地。

[灭绝的渡渡鸟]

毛里求斯曾是世界上唯一有渡渡鸟的地方。渡渡鸟是一种不会飞的鸟。可惜这个珍稀鸟种已经被荷兰人在17世纪吃到绝种。毛里求斯茶隼和粉鸽也是世界上的珍稀动物。

[鸟瞰莫纳山]

莫纳山因拥有美丽的沙滩、隐秘的瀑布、湛蓝的礁湖而成为毛里求斯明信片上最常出镜的地标之一，也是毛里求斯著名的景点。

## 隐世小岛

# 罗德里格斯岛

与毛里求斯岛相比，这里显得太安静了，它就像一位隐世的高人，悠闲、淡然，但又有一种飘逸的气质。

[ 罗德里格斯岛沙滩 ]

[ 弗朗索瓦·莱古特象龟 ]

罗德里格斯岛上的弗朗索瓦·莱古特象龟基本上都自由地在山里活动，徒步的游客常能在山上的小路上邂逅巨龟。

罗德里格斯岛位于西印度洋马斯克林群岛东部，东距毛里求斯岛 560 千米，该岛最早被阿拉伯人发现，1528 年葡萄牙航海家迪奥戈·罗德里格斯首次来到该岛，因而得名。1645 年葡萄牙殖民者到访此地。它曾先后被荷兰、法国和英国侵占，现为毛里求斯共和国的一部分。岛上人口主要是黑人，大部分居民为殖民时期奴隶的后裔，只有少部分华裔和印度裔毛里求斯人移居于此。岛民大部分从事农业和渔业，输出咸鱼、牲畜和蔬菜。

### 美丽的火山岛

罗德里格斯岛是一座美丽的火山岛，最高点海拔396 米。由于沉睡的熔浆被坚固浑厚的岩层覆盖，造就了整座岛上树木繁茂葱郁的景象。岛上气候湿热，11 月至次年 4 月多飓风。

罗德里格斯岛北部的马蒂兰港是
这座岛屿的首府，也是岛上最繁华的
地方，这里有一些殖民时期的建筑；
西南部有弗朗索瓦·莱古特象龟和洞
穴保护区等。

[象龟画]

400 多年前，西班牙人在一座孤岛上发现了一种巨大的龟，
其体格硕大无比，长着粗壮结实的腿，酷似大象的巨腿，所
以称为象龟。18 世纪的航海日记中记载：当时一艘船捕捉
1000 ~ 6000 只象龟，荷兰和法国殖民者拿象龟炼制龟油，
400 只才炼出一桶，就这样罗德里格斯岛的象龟最终在 18 世
纪濒临灭绝。如今岛上的象龟受到保护。

### 索道和徒步探索全岛

罗德里格斯岛的南部海岸有一条
跨度超过 400 米、高 100 米的高空滑
索，滑索下方是碧绿的山谷。

罗德里格斯岛还有一条徒步旅行
的路线，可探索岛屿全境，从岛屿北

[帆船探险]

部的小海滨村大湾至岛东南的港口，
再到岛的南部。沿途可以选择几条徒
步路线，享受攀爬山谷的乐趣，一路
奇珍异鸟不断。

### 风筝冲浪和帆船探险

罗德里格斯岛的 Plaine corail、
Mourouk 和 Graviers 是岛上的风筝冲
浪点，这里经常会有各种风筝冲浪活

[罗德里格斯岛石洞]

圣加布里埃尔教堂是用珊瑚砂石建成的，已有将近 70 年的历史，仍然坚固如初。现在教堂朝海的一面被画上了许多有趣的图画，成了罗德里格斯岛上的知名风景之一。

[ 罗德里格斯岛上的无名海滩 ]
罗德里格斯岛上有很多无名海滩，海滩上会发现奇异且不知名的景观，游客们不妨亲自给海滩起个名字，留个纪念。

动，吸引了全球风筝冲浪者纷纷涌入。专业人士一致认为罗德里格斯岛是世界上最适合风筝冲浪的地方之一。每年 7 月 3 日—7 月 10 日都会举办世界著名的风筝冲浪比赛，冠军最高可赢取 3 万美元的奖励。

除此之外，还可乘坐帆船去往岛屿南部潟湖的迷人入口，探索隐藏的奇观，享受独特的海上探险体验。

## 石洞

石洞位于罗德里格斯岛的珊瑚平原下，这是岛上有名的景点之一，是一个由于构造板块运动而形成的壮观的洞穴，其长达 700 米，洞穴中有奇形怪状的钟乳石和石笋，有的像渡渡鸟，有的像白金汉宫，有的像鳄鱼。

罗德里格斯岛离毛里求斯岛很近，但这里游客却很少，据说 2015 年之前，来到过这里的中国人只有 7 个，是一座真正的隐世小岛。

# 印度洋上遗落的宝石

# 拉穆岛

这是一座与世无争的岛屿，宁静安逸，原始又不失美好，充满了阿拉伯风情，被誉为"印度洋上遗落的宝石"。

**[美得发光的小岛]**

拉穆岛蔚蓝色的海湾、绿色的丛林与白色的建筑群，构成一幅清丽无比的图画，无论蓝、绿、白都是那样一种透彻、纯净、闪闪发光的颜色，美得让人晕眩。

拉穆城始建于 1370 年，是"最古老，保存最好的东非斯瓦希里人定居点"。葡萄牙人、中国人、阿拉伯人均在此留下了印记。

拉穆岛位于肯尼亚东北部，是印度洋上的一座热带岛屿，属于拉穆群岛的一部分，岛上的拉穆镇被联合国教科文组织列入世界文化遗产名录。

## 拉穆岛历史

因为岛上可以打出淡水井，拉穆岛在历史上是一个重要的驿站，也是拉穆群岛中人口最密集的一座岛，公元 9 世纪起阿拉伯人就开始在此定居，14 世纪斯瓦希里人迁徙到此并建拉穆城，15 世纪郑和的船队途经此地，19 世纪阿曼苏丹统治时期，这里因象牙和奴隶贸易达到繁荣的顶峰。

**[拉穆岛清真寺]**

早期，阿拉伯人将伊斯兰文化带到了这座岛上，现在这座岛上的大部分人信仰伊斯兰教。

[郑和]

斯瓦希里人是非洲东部地区跨界民族，属黑白混血种人，即尼格罗人与欧罗巴人的混合类型。主要由沿海地带及桑给巴尔岛、奔巴岛、马菲亚岛的班图人和纪元后陆续迁来的印度尼西亚人、印巴人、阿拉伯人、波斯人等长期混血而成，并含有大湖地区内陆班图人的成分。

## 郑和登陆非洲的第一站

15世纪郑和下西洋来到肯尼亚，第一个登陆的地方就是拉穆岛。现在的拉穆岛博物馆里还陈列着来自中国的古瓷器、纺织品、交椅，甚至还有手动面条机。

当地渔民多次从附近的海域打捞上来完好的古瓷器和陶罐，有些上面刻有汉字，有些印有龙的图案，表明这些东西来自中国。

## 驴岛

尽管阿拉伯人、葡萄牙人、英国人和中国人很早就来过这里，但影响拉穆岛最深的还是阿拉伯人。阿拉伯人不仅给岛上带来了伊斯兰文明，还把毛驴带到了岛上。人们用驴运货、载重，骑驴穿越迷宫般的小巷。驴成了

[面朝大海的大炮]

离拉穆岛博物馆门口不远处有两门大炮，是曾经对抗葡萄牙侵略时留下的。

[拉穆岛博物馆内的中国瓷器]

拉穆岛博物馆有两层，外加楼顶露台，一楼是各种家具、古董，二楼有一个婚礼展区，详细地介绍了当地的婚礼习俗。

[拉穆岛上的驴子收容所]

当驴子生病、老了、有问题了,都送到这里,治疗都是免费的。

当地人的好帮手,也是岛上最重要的陆地交通工具。现在的拉穆岛以"驴岛"之名闻名于世。 岛上每家每户都有驴,这座只有 1.7 万名居民的小岛上居然有 6000 头驴。

因此,驴成了拉穆岛的吉祥物,岛上有专门给驴看病的免费医院(也是驴子收容所),驴在拉穆岛上享有极高的地位和待遇。

### 迷宫一般的小巷

拉穆岛的小巷很有特色,除了海边的一条道路稍宽一点外,岛上几乎没有像样的道路,大多是只容两个人并排行走的小巷。每条小巷隔几米就会有块凹进去的空地,所以不用担心搬运货物时避让的问题。

这里的小巷很深,而且曲折,巷子两旁的墙壁、大门各不相同,每家都有自己的设计。漫步在狭窄弯曲的小巷中,满眼都是珊瑚硬质岩墙、木质地板、红树干、茅草屋顶以及错综复杂的百叶窗,还有深藏在巷子里的外国富人的院落、迎面而来疾走的驴子,拉穆岛就是这样一座充满了烟火气的岛屿,这种独特的气质让它被誉为"印度洋上遗落的宝石"。

[拉穆岛的小巷中精致的门牌]

为了防止小孩在墙壁上涂鸦,达到美化墙壁的目的,拉穆岛当地人还在墙壁中镶嵌了珊瑚。

拉穆群岛中的帕泰岛上有一些自称郑和舰队水手的后裔在此定居,他们的长相带有一些明显的中国人特征。

[有 500 多年历史的墙]

斯瓦希里民居博物馆的这堵墙是拉穆岛上历史最悠久的一堵墙,有 500 多年历史了,上面还有石刻的图案。

## 徒步天堂

# 留尼汪岛

这里既有碧蓝的海水、洁白的沙滩和高大的椰树，还有壮观活跃的火山、无与伦比的冰斗、鱼游浅底的潟湖、世界上最好的波旁香草，一切都令人惊喜。

[法国国王路易十五]

在欧洲人到来之前，这里一直被称作狄那摩根，1513 年 2 月 9 日，葡萄牙人马斯克林发现了该岛，这天是天主教圣人圣阿波罗尼亚的圣日，于是将此岛命名为圣阿波罗尼亚。1767 年法国国王路易十五购买了该岛，以法国王室波旁家族之名将其命名为波旁岛，法国大革命后，被改名为留尼汪岛，意为"会议、联合"，以纪念马赛的革命者与国民自卫军的联合，后来又几经易名，直到 1848 年法国波旁王朝倒台，才又恢复叫留尼汪岛。

留尼汪岛是位于印度洋西部马斯克林群岛中的火山岛，东距毛里求斯群岛 190 千米，西距非洲第一大岛马达加斯加 650 千米。留尼汪岛的海岸线长 207 千米，

波旁家族徽标

面积为 2512 平方千米，是法国的海外省之一，即留尼汪省。

### 徒步天堂

留尼汪岛有陡峭的地形、丰富的动植物、壮观活跃的火山、气势雄伟的冰斗、神秘的丛林，这一切都让它成为全世界徒步者心目中的天堂。

留尼汪岛上有 3 条远距离的徒步路线，还有近千米经过修整的山路，使得每一位徒步者都可以根据自身水平、体能选择一条最合适的路线。

### 神奇的生态系统

留尼汪岛形成于 300 万年前，拥有纯天然的环境，其中包括极负盛名的火山、冰斗

和峭壁。

自 16 世纪葡萄牙航海家发现这座岛屿以来，这里至今仍保存着许多原始物种和壮阔的自然景观。因受信风作用，加上内日峰和富尔奈斯火山的影响，使这里拥有神奇的生态系统，拥有 3000 多种动植物，其中有白尾热带鸟、豹变色龙、留尼汪沼泽鸡、鲨鱼和海豚等，在冬天甚至能够看到从南极圈迁徙来的座头鲸。

## 富尔奈斯火山

富尔奈斯火山又称为"熔炉峰"，是世界上最活跃的活火山之一，至少有 53 万年的"活动史"，该火山位于留尼汪岛的圣菲利普附近，海拔 2631 米，顶部有宽 8 千米的火山口。

富尔奈斯火山最近一次爆发是在 2015 年 5 月 17 日，火山岩浆沿着地幔的裂缝向上冲出，顶破岩石后从山体顶部喷发，当时的场景犹如人间地狱。

这里有专门的公路通往火山脚下，游客可以自驾或雇车到达火山脚下，然后徒步前往，领略火山平息后留下的壮观景象。

[ 富尔奈斯火山口标志 ]

最近记载的富尔奈斯火山喷发时间：1986 年、2007 年 4 月初、2007 年 4 月、2015 年 2 月、2015 年 5 月 17 日。

18 世纪时，留尼汪岛到处是咖啡种植园，大批马达加斯加和非洲的奴隶，被强迫在咖啡种植园内从事繁重的体力劳动。一位叫"马法特"的奴隶因不堪欺压，躲进了留尼汪岛上一个荒无人烟的山谷，随后，在马法特的影响下，逃走的奴隶越来越多。

后来，马法特被赏金猎人抓到并被处死，但他却成了奴隶们心中的英雄，他躲藏的山谷被当地人命名为"马法特"。

[ 朗帕河河谷 ]

在前往富尔奈斯火山的途中有一个观景点，在这里可以欣赏朗帕河河谷的美景。

[通往火山脚下的公路]
作为留尼汪的标志性景观，富尔奈斯火山是徒步旅行者必去的景点。

[马法特冰斗]
这里是因冰川积雪不断将地表切割，把原先的高山岩石生生削成的一片山间洼地，和"漏斗"非常像。

[萨拉齐小镇上的教堂]

## 无与伦比的马法特冰斗

马法特冰斗是留尼汪岛三大冰斗之一（其他两个冰斗分别是萨拉齐冰斗和锡拉奥冰斗），是一个不错的徒步之地，可欣赏山谷的绿色植被和沿途风景，号称留尼汪的"隐世之地"。

马法特冰斗是一个三面环以峭壁、呈半圆形、类似古代圆形剧场的洼地，经过上千万年地质运动变化而成，绝非一日之功。马法特冰斗周边

有许多当地的特色植被和原始植被，还发现了被普遍认为在 100 多年以前就已绝种的植物。

马法特冰斗的占地面积为 95 平方千米，只有一条不易被发现的、穿越杂草乱石的小径，这是通往马法特冰斗的唯一徒步通道，也是留尼汪岛最险峻的徒步路线。需要带上帐篷，经过多日徒步攀爬才能领略它完整的魅力。

**[留尼汪海底珊瑚]**
留尼汪的珊瑚礁中聚集着 150 多种珊瑚树和 500 多种鱼类，这里是世界上品种最丰富的珊瑚礁之一。

### 精彩的海底世界

在火山作用下，留尼汪岛附近的海底形成了大量拥有断层、圆拱等多种形态的奇观，是潜水爱好者的胜地，可以穿梭在海底的峡谷、断崖和隧道之间。这里的著名潜点有胡塞海角、奇迹石、"海昌"号沉船、盐角、黄色浅滩、壁炉和布岗塔等，不管是深潜还是浮潜，都能欣赏到水下多姿多彩的珊瑚礁和小丑鱼、鲸、神仙鱼、海龟等。

**[留尼汪关帝庙]**
留尼汪大约有 4% 的人口为华人，数量有 3 万多人，所以在这里常可以见到中国特色的寺庙，如关帝庙、财神庙等。

如果不想弄湿身体，又想领略美景，可以乘坐透明皮艇或泡泡船。

# 地球上最像外星球的地方

# 索科特拉岛

这里绵延 2000 多千米的海岸线上有雪白的沙滩、奇特的生物和翡翠般的海水，其外形酷似一艘在亚丁湾畔的小船，被称为"印度洋上的处女岛"。

[ 索科特拉岛海边风景 ]

[ 索科特拉岛美景 ]

索科特拉岛位于阿拉伯海与亚丁湾的交接处，是印度洋西部的一个群岛，其位置在阿拉伯半岛以南约 350 千米处，属于也门索科特拉省。它是地球上最孤立的地貌之一，曾经是大陆的一部分，600 万年前从冈瓦纳超级大陆分裂出来。长期的地质隔离和炎热干燥的气候，形成了这里的独特地貌和物种，不仅地貌像外星球环境，其动植物同样如同来自外星球，被誉为"地球上最像外星球的地方"。

## 盛产香料和草药

索科特拉岛由 4 座岛屿组成，从地理上来说，在过去的 600 万～ 700 万年间，它一直被非洲大陆孤立在外。

早在远古时代，古印度人就不断地从这座岛上获取乳香、龙涎香等珍贵药物，并称之为"幸福岛"；古埃及人则经常从岛上购买乳香，用来制作木乃伊。据说，当时乳香的卖价高于黄金，他们将其称为"班赫"岛，意为神奇岛。13 世纪，希腊最著名的草药专家德尤斯古里德斯在他的著作中记载了这座岛上的各种药材，他将其称为索科特拉岛，意为"远方的市场"。

## 战略位置非常重要

历史上，索科特拉岛是印度洋通向红海和东非的海上交通要道，战略位置非常重要。1507 年葡萄牙人来到该岛后，这里便成了军事要地，被各势力争夺。

如今，索科特拉岛属于也门共和国的索科

[ 索科特拉岛海滩 ]

索科特拉岛看似粗犷荒凉的山峦下隐藏着一个无人问津的海滩和潟湖。这里的沙子极细，沙滩一直延伸到海里达百米以上，而且极浅。

[ 索科特拉岛海蚀洞 ]

**[独特的龙血树]**

龙血树有奇特的伞状树冠,树脂呈红色,如同血液,故而在中世纪时期常被应用于巫者的魔法中。

关于龙血树的传说:相传古时有两兄弟发生争执,互相伤害,留下了一地血液形成了龙血树。另一个说法:欧美国家认为是两条龙在岛上打架,滴下的龙血长成了龙血树。

> 索科特拉岛上 90% 的爬行动物和 95% 的腹足纲物种是岛上独有的。

> 索科特拉无花果完全不需要土壤就能生长。

> 索科特拉岛上比较著名的物种有龙血树、沙漠玫瑰、锐叶木兰、没药、乳香等。

**[沙漠玫瑰]**

特拉省,首府为古兰西耶。岛上居民以阿拉伯人为主,还有殖民时期的非洲移民后裔,以及古波斯、古罗马和葡萄牙等国家的少数移民。

索科特拉岛长期以来被他国占领,并作为海军基地使用,这也导致开发滞后,被人们称为"印度洋上的处女岛"。

### 孤独的索科特拉岛

索科特拉岛不仅在地理上被孤立在大陆之外,就连岛上的动植物也被孤立在世界之外。岛上生活着 700 多种极其罕见的动植物,其中 1/3 的动植物在地球上的其他地方看不到,因此有"生物进化活博物馆"之称。

索科特拉岛上有 140 多种鸟,其中有 10 种是该岛独有的,如索科特拉岛八哥、太阳鸟、彩旗、索岛栗翅椋鸟、鸦和金翅蜡嘴雀等。

索科特拉岛上还有 253 种造礁珊瑚、730 种沿岸鱼、300 种螃蟹、龙虾和小虾。除此之外,还有与食肉甲虫一起爬到树上躲避酷热的蜗牛、四处爬行的变色龙、在南部海岸的峭壁上安家的茶隼等。

索科特拉岛上的植物度过了漫长的地质隔离时期,许多物种具有 2000 多万年的历史。岛上有许多外观独特的植物,完全颠覆了人们的正常认知,如索科特拉龙血树,其树冠、枝叶繁茂,四季常青,树汁呈深红色,可用作染料和药物,非常神奇;沙漠玫瑰,几乎不需要土壤,长在悬崖边,根直接嵌进石头里,树干粗粗短短,树皮则像橡胶一样,闪闪发亮,树干顶端长着粉红色的花朵。

# 印度洋上的珍珠

# 斯里兰卡岛

马克·吐温曾在《赤道环游记》里对斯里兰卡岛有最诗意的赞叹，在《海底两万里》中尼摩艇长曾邀请大家参观这里的海底采珠场，它也被誉为"印度洋上的珍珠"。

[独立广场上的石狮]

斯里兰卡岛坐落在印度洋上，古称锡兰，是个终年如夏的热带岛国。中国古代称其为狮子国、师子国、僧伽罗、楞伽等。斯里兰卡岛拥有丰富的自然文化遗产和独特迷人的文化氛围，被誉为"印度洋上的珍珠"。

## 光明富饶的乐土

公元前 5 世纪，僧伽罗人从印度迁移到斯里兰卡岛。公元前 247 年，印度孔雀王朝的阿育王派其子来到这里，从此僧伽罗人摈弃婆罗门教而改信佛教。公元前 2 世纪前后，南印度的泰米尔

[独立广场上的独立大厅]

独立广场位于科伦坡，是斯里兰卡 1948 年 2 月 4 日举行独立仪式的场所。狮子是这个国度的标志，所以在科伦坡能看到很多的狮子雕塑。在其他国家的广场上常见的鸟是鸽子，而科伦坡却是乌鸦（斯里兰卡人称为"神鸟"）的天堂，它们在市内空中盘旋，遮天蔽日，叫声震耳欲聋。

早在公元前后，僧伽罗人就与中国人有往来。5 世纪时中国高僧法显曾游学其地，带回重要佛经典籍。

僧伽罗人分为低地僧伽罗人（又称沿海僧伽罗人）和高地僧伽罗人（又称康提僧伽罗人）。前者居住在沿海平原，自16世纪起遭受殖民统治；后者生活在中部山区，在殖民者占据沿海平原时曾保持独立，坚持抵抗入侵达300多年，故保留较多的古风遗俗。

科伦坡多寺院：佛教寺庙有金碧辉煌的冈嘎拉玛寺、克拉尼亚大佛寺、阿输迦拉马雅寺；

印度教寺庙有科奇卡德·科塔海纳寺、佩塔寺、班巴拉皮蒂雅寺；

清真寺有达瓦塔噶哈清真寺、红色清真寺。另还有天主教堂、基督教堂等。

**[斯里兰卡国家博物馆]**

斯里兰卡国家博物馆是斯里兰卡最古老的博物馆，位于科伦坡市中心，是一幢双层的宏大白色建筑，馆内收藏了斯里兰卡各个历史时期的珍贵文物，还有各地出土的中国瓷器。其中收藏的"郑和碑"是郑和访问斯里兰卡的见证。

人开始入侵，从此僧伽罗人和泰米尔人之间征战不断，直到1521年葡萄牙船队的到来，揭开了斯里兰卡岛被殖民的篇章。16世纪后，斯里兰卡被葡萄牙、荷兰、英国等国殖民统治400多年，直到1948年获得独立，成为英联邦成员国之一，定国名为锡兰，语意为"光明富饶的乐土"。1972年5月22日改国名为斯里兰卡共和国。

### 古老的城市

斯里兰卡是个岛国，其地处热带地区，风景优美，有很多沿着海岸而建的高速公路，可以一览美丽的海滩，同时欣赏旖旎的热带丛林和印度洋风光。

这里的天空中满是香气弥漫的香料味道，其国树铁木树和睡莲在街道上随处可见，椰树高耸入云。这里还有形式各异、数量众多的殖民时期老建筑，各种宗教寺院和基督教堂交相辉映，供奉着佛牙舍利圣物的寺庙和

[冈嘎拉玛寺]

冈嘎拉玛寺隔路与冈嘎拉玛湖和公园相望，是一组精雕细琢的建筑，融合了斯里兰卡、泰国、印度和中国的建筑特点，院里有一棵菩提树。

经历了千年风雨的古城散发着迷人的气质。

## 科伦坡：东方十字路口

科伦坡位于斯里兰卡岛西南岸，濒印度洋，是印度洋上的重要港口，也是世界著名的人工海港。它是进入斯里兰卡的门户，素有"东方十字路口"之称，是斯里兰卡的最大城市与商业中心。

科伦坡最早由8世纪的阿拉伯人所建。科伦坡的名称来自僧伽罗语"Kola-amba-thota"，意为"芒果港"，葡萄牙人在1517年来到这里后将其拼写成"Colombo"，以纪念哥伦布。

自斯里兰卡独立起，科伦坡一直是斯里兰卡的首都，直到1985年迁都至斯里贾亚瓦德纳普拉科特为止。即便如此，外界依旧将科伦坡作为斯里兰卡的首都看待，因为斯里贾亚瓦德纳普拉科特位于科伦坡东南郊区。

科伦坡是一座典型的南亚海滨城市，这里有旖旎的滨海风光、巍峨耸立的摩天大厦和金碧辉煌的寺庙。

科伦坡的主要景点有锡吉里亚古宫、国际会议大厦、斯里兰卡国家博物馆、都波罗摩塔、德希韦拉动物园、波隆纳鲁瓦古城和阿努拉达普拉古城等。

[郑和碑]

这是郑和当年下西洋途经斯里兰卡加勒而立的碑，碑顶端刻着中国的图案和文字，如今被收藏在斯里兰卡国家博物馆。

[加勒老城荷兰总督家族徽标]

这是殖民时期加勒的荷兰总督府内的总督家族徽标。

斯里兰卡的种姓制度具有世俗性质，最高为瞿维种姓（耕种者），最低为罗陀种姓（洗衣人）。

[红色清真寺]

红色清真寺是科伦坡市的一座历史悠久的清真寺，是一座红白两色砖造建筑。它落成于1908年，是科伦坡的地标建筑之一。据说20世纪初，很多到斯里兰卡的水手都是通过它来辨认科伦坡港口。注意：清真寺只对男性开放，女性游客只能从门外欣赏它的美。

## 圣城康提

　　康提又名圣城康提，位于斯里兰卡岛南部中央，是斯里兰卡第二大城市，位于科伦坡东北120千米处。其依山傍水，风景秀丽，历史上是行政和宗教中心。僧伽罗人的祖先统治斯里兰卡岛长达2000多年，最后一代国王的宫殿群就坐落在康提城中一个山坡台地上。

　　如今的康提古城以佛教圣地而闻名于世，其中紧邻王宫的便是有名的佛牙寺，这是一座著名的历史建筑，也是佛教徒的朝圣之地。

　　斯里兰卡有一条很有特点的高速公路，是科伦坡前往加勒的高速公路，看起来像极了中国国内的高速公路，也许是因为斯里兰卡现有的两条高速公路都是中国援建的。

[佛牙寺]

佛牙寺供奉着佛祖释迦牟尼的佛牙舍利，佛牙舍利是斯里兰卡的国宝，每年都会有一次佛牙节，是世界上最丰富多彩的活动之一。相传，公元4世纪初期，印度发生战乱，为了保护佛牙舍利，印度国王将公主许配给了斯里兰卡王子，并将佛牙舍利交由他们夫妇二人保护，公主将佛牙舍利藏于其发髻中，与丈夫一起来到了斯里兰卡。当时的斯里兰卡国王阿努拉达普拉花重金修建了佛牙寺，并用珠宝装饰，将佛牙舍利供奉了起来。

[海上火车]

这是从加勒古堡到科伦坡的西南沿海线火车。虽然内部较为简陋和陈旧，但红色的火车车身驰骋在海边，与海水交相辉映的画面实在是美到让人无法用语言形容，是一种感受斯里兰卡风土民情的独特体验。

## 加勒老城

加勒老城紧邻印度洋，位于斯里兰卡岛南部，是一个三面临海的美丽海滨城市。

加勒虽偏居斯里兰卡岛一隅，却是国际游客最爱前往的城市，这里不仅有阳光、沙滩、海风，还有大量葡萄牙、荷兰和英国殖民者留下来的古老建筑，这些古老建筑中最有名的是面积达36万平方米的加勒城堡，其1988年被列为世界文化遗产。

在加勒老城随处都能看到殖民时期留下的遗迹，这些景物明显很"欧洲"：欧式风格的街道、有着漂亮花窗的洋房、神秘兮兮的教堂。

马克·吐温曾在《赤道环游记》里对斯里兰卡发出最诗意的赞美："令人发晕的气息、不知名的花香、忽然降临的倾盆大雨、忽而又阳光普照、又喜气洋洋，在遥远的丛林深

[加勒钟楼]

加勒钟楼耸立在加勒城墙上，记载着加勒钟楼的历史，这里是斯里兰卡情侣最喜欢的约会场地之一。

**[狮子岩空中宫殿内的壁画]**

空中宫殿里的绘画面积达 2.5 万平方米，是南亚最大、世界上最古老的绘画。

### 狮子岩——现实版的"天上宫阙"

在康提城以北 60 千米，距离科伦坡 148 千米的丹布勒，便是斯里兰卡最有名的佛教朝圣中心——狮子岩丹布勒金庙。这是一座修建在橘红色巨岩上的空中宫殿，相传摩利耶王朝的卡西雅伯 (447—495 年) 弑父登基，为了躲避同父异母弟弟莫加兰复仇，耗费 18 年，沿山建造了这座有军事防护作用的宫殿，后来卡西雅伯被莫加兰追杀陷入泥沼而亡，空中宫殿改成寺院。如今，狮子头已因风化掉落，仅剩下孤零零的狮身和背上藏了一座建在 200 米高空的花园宫殿，被誉为"世界第八大奇迹"，是斯里兰卡"文化金三角"其中的一个顶点，被联合国教科文组织列为世界文化遗产。

**[断了头的狮子岩]**

如今这里只剩两只一两米左右大小的狮子前爪，两爪中间是一条向上爬的阶梯，游客沿着阶梯向上攀爬，感觉像走进狮子口中。沿着阶梯可到达顶部的丹布勒金庙入口。

**[丹布勒金庙]**

丹布勒金庙入口处是一头巨大的"狮子"，狮子的血盆大口正是大门，高高的台阶从地面直通入狮子的口内。

处和群山之中，有古老的废墟和破败的庙宇，那都是从前盛极一时的朝代和被征服的民族残留下来的遗迹。"

[ 米拉清真寺 ]

米拉清真寺是离加勒灯塔很近的一座白色建筑，是一座没有圆尖顶设计的清真寺。

[ 荷兰人建的教堂 ]

荷兰人于 1755 年在加勒老城建的教堂。

[ 加勒老城城墙上的荷兰东印度公司徽记 ]

[ 高跷渔夫 ]

在斯里兰卡岛西南海岸的浅水区，离加勒老城 30 分钟车程处，有堪称世界上"最牛"的钓鱼方式——斯里兰卡高跷钓鱼法：渔夫坐在简陋的木架上，不需要鱼饵便可钓到沙丁鱼。

# 新加坡后花园
# 民丹岛

民丹岛有色彩斑斓的热带植物、银色的绵长沙滩、碧蓝大海，还有设施完善的度假村，被称为"新加坡后花园"。

寥内群岛位于新加坡海峡之南，马六甲海峡东口，东临南海，交通位置重要。

武吉士人是东南亚印度尼西亚民族之一，亦称"布吉斯人"。属蒙古人种马来类型，系新马来人的后裔。武吉士人的农村经济以水稻种植为主，是一个航海民族，并从事岛屿间贸易活动，以勇于冒险和航海技巧熟练而著称。

[民丹岛北部海滩]
民丹岛北部拥有大量的旅游度假村、酒店以及各种旅游设施，沙滩格外干净，这里的游客相较于民丹岛其他地区更多。

民丹岛是印度尼西亚寥内群岛中的最大岛屿，位于赤道附近，属于典型的热带气候。由于该岛离新加坡很近，搭乘轮渡仅需 50 分钟，吸引了很多新加坡的游客，被称为"新加坡后花园"。

## 北部出借给新加坡

民丹岛属于印度尼西亚，位于著名的印中海上贸易线的交叉口，地理位置非常优越，曾是马来人和武吉士人权力之争的焦点，1526 年，葡萄牙人在宾坦岛之战中攻陷了此岛。如今，民丹岛北部的 3200 公顷土地被印度尼西亚政府划为特别行政区，租给了新加坡 80 年，开发为旅游区。

### 丹戎槟榔

　　民丹岛南部地区的丹戎槟榔是印度尼西亚寥内群岛的首府，早在 15 世纪郑和下西洋的记载中就已提及此地。1511 年，葡萄牙攻占马六甲，马六甲苏丹马末沙战败，逃到寥内群岛的民丹岛，并建立了丹戎槟榔城，继续对抗葡萄牙人，称"柔佛苏丹"或"柔佛－寥内苏丹"，使寥内群岛成为马来文化的中心，丹戎槟榔也成为一个著名的商业港口。

　　如今，丹戎槟榔是民丹岛上的最大城市，距新加坡仅有 40 千米，两城之间有快艇往来。

**[民丹岛北部海湾]**
远处的水屋是一座简易的水上餐厅，可供游泳的人和潜水者在此休息。

　　印度尼西亚由 17 508 座大小岛屿组成，此外，印度尼西亚还有一个动听的土著名称，叫"奴山打拉"，即"群岛之国"的意思。由于岛多而分散，全国重要的海和海峡就有十多个，因此它又被称为世界最大的"海国"。

**[民丹岛 500 罗汉寺]**
500 罗汉寺中有很多古老、威武巨大的雕塑，其中的 500 罗汉和中国式建筑值得一览。

## [古寮内苏丹清真寺]

古寮内苏丹清真寺位于民丹岛南端的蜂岛，离丹戎槟榔不远，建于 1818 年，是由古寮内苏丹结婚时，臣民进贡的鸡蛋白混合砂浆建造而成，因此墙面是持久不变的黄颜色，也被叫作硫色清真寺。这座清真寺内还拥有罕见的、具有 150 年历史的手抄本《古兰经》。

从丹戎槟榔码头坐船 15 分钟即可到达该地。在蜂岛居住的大约 2500 名居民中，1/3 的居民与该岛著名的皇室有亲属关系。

黄金沙丘环抱着蓝湖，这里被中国人称作"民丹岛的小九寨"，据说这是由废弃的矿区形成的美景。传说在南阳时期，民丹岛挖出来的沙子堆放成大大小小的山丘，经过长年累月日晒雨淋，形成黄金色沙丘，而矿坑经过雨水沉积，形成了一片片蓝色小湖泊。

## [丹戎乌邦：原始并不妨碍其美丽]

丹戎乌邦位于民丹岛西北岸，距离北部的民丹岛度假胜地不到 1 小时路程，是岛上第二大城镇，仅次于丹戎槟榔。因其古朴的乡村氛围而闻名，游客在这里能够体验地道的印度尼西亚风情。

## 休闲旅游胜地

民丹岛除了新加坡租用的北部地区和南部的丹戎槟榔相对发达外，其他地区如东部、西部和中部均比较原始落后，但是这并不妨碍其美丽。这里阳光充足，年平均气温为 26℃，岛上有海拔 340 米的民丹山、色彩斑斓的热带植物、银色的绵长沙滩、碧蓝的大海，还有各种奇花异草、稀有动物，是一个不可多得的休闲旅游胜地。

# 美丽浪漫的度假天堂

# 巴厘岛

巴厘岛位于印度洋赤道南方，岛上山脉纵横，地势东高西低，这里的山雄伟凌厉，这里的海沙细水清，被评为"世界上最佳的岛屿"之一。

巴厘岛是印度尼西亚众多岛屿中最耀眼的一座，其坐落在赤道偏南一点（南纬8°），属于南半球，位于爪哇岛东部。岛上东西宽140千米，南北相距80千米，全岛总面积为5620平方千米。巴厘岛具有典型的热带气候，这里四季分明，惬意而舒适的自然环境，让每个来这里度假的人都会拍手称赞。

## 巴厘岛的历史

巴厘岛很早就有人居住，公元前300年时

**[海神庙]**

海神庙坐落在巴厘岛海边一块巨大的岩石上，始建于16世纪，是巴厘岛最重要的海边庙宇之一，也是巴厘岛三大神庙之一，以独特的海上落日景色而闻名。

印度尼西亚一直是中国游客的热门旅游目的地，尤其是阳光明媚的巴厘岛。2015年6月10日，印度尼西亚正式对中国等30个国家的游客实施免签证政策。中国大陆游客无需签证即可在印度尼西亚以游客身份停留不超过30天。

[ 巴厘岛 146 米高的毗湿奴像 ]

当年，伊斯兰教传入印度尼西亚诸岛时，印度教的精英纷纷从其他岛屿退守至巴厘岛，在数百年的发展后，融合了许多当地信仰，已经与传统意义上的印度教不尽相同，但对湿婆、毗湿奴和梵天的供奉却没变，是这里区别印度尼西亚其他地方的魅力所在。

[ 努沙伯尼达岛美景 ]

努沙伯尼达岛是巴厘岛东部的一座离岛，可以从巴厘岛坐游船抵达。由于开发非常晚，岛上还非常原始。最大的特色是悬崖海景和奇特的海岸线景观，同时也是非常棒的潜水胜地。

[ 圣泉寺 ]

圣泉寺是巴厘岛上 6 大著名庙宇之一，依地下泉眼而建，据说附近居民每天早、中、晚都会来此沐浴祈福。

的青铜器时代，巴厘岛已有非常先进的文明，如今仍在使用的农田灌溉系统就是沿袭自当时。自 10 世纪开始，印度文化、伊斯兰文化相继进入巴厘岛，大批印度教的僧侣、贵族、军人、工匠和艺术家来到巴厘岛，成就了 16 世纪巴厘岛的黄金时代。

1550 年，巴图仍贡建立了第一个巴厘岛王国，也就在这个时候，来自欧洲的白人开

始来到巴厘岛。据说 1588 年，3 位荷兰航海家在船只失事后登陆巴厘岛，这是西方人第一次来到该岛，在很长的一段时间内，荷兰殖民者并未将巴厘岛放在眼里，只是专注于掠夺爪哇岛、苏门答腊的资源（香料、木材等）和进行海上贸易。20 世纪初，荷兰人决定征服该岛，巴厘岛原住民在抗争无效之后，选择大规模集体自杀，1906 年登巴萨王室贵族几乎全部自杀于荷兰军队面前（登巴萨市政广场的纪念碑即是纪念此事件），该自杀事件经新闻传到欧洲后引发震动，迫使荷兰人实行较人道的统治，巴厘岛的传统文化特色也由此保持下来。第二次世界大战期间被日本占据过 3 年，直到 1949 年，巴厘岛才成为独立后的印度尼西亚的一个省。

[ 阿贡火山 ]

阿贡火山是一座位于巴厘岛东部的活火山，海拔 3142 米，为巴厘岛的最高峰，被当地人奉为圣山。据巴厘岛的神话传说，诸神以群山为神座，将最高的神座阿贡山置于巴厘岛。另一神话：诸神见巴厘岛摇动不稳，便将印度教的神山马哈默鲁镇压在巴厘岛上使之稳定，更名为阿贡火山。

　　巴厘岛和很多海岛一样都有悲壮的历史，不过所幸这些都成了过去，如今巴厘岛是印度尼西亚最著名的旅游地，被许多旅游杂志评选为世界上最令人陶醉的度假目的地之一。

### 风情万种的巴厘岛

　　巴厘岛有着万种风情，景物绮丽，还享有多种别称，如"神明之岛""恶魔之岛""罗曼斯岛""绮丽之岛""天堂之岛""魔幻之岛"等。巴厘人生性爱花，处处用花来装饰，因此该岛还有"花之岛"之称，并享有"南海乐园""神仙岛"的美誉。全岛山脉纵横，地势东高西低，有四五座锥形完整的火山峰，其中阿贡火山（巴厘峰）海拔 3142 米，是岛上的最高点。

　　巴厘岛上的景点较多，而且较分散，以海滩、火山等自然景观为主，还有很多寺庙、公园等。有人将巴厘岛的地形形容为一只母鸡，鸡脚一带（南部地区）是岛

**[ 乌鲁瓦图断崖 ]**

乌鲁瓦图断崖又叫情人崖，其下面的海域由于海浪巨大，是世界各地冲浪高手钟爱的冲浪点。传说古时有一艘船上的水手触怒了海神，海神掀起巨浪把船掷向岸边，就形成了船头形状的悬崖。

**[ 蓝梦岛 ]**

蓝梦岛是位于巴厘岛东南边的一座离岛，非常适合潜水，水下生物清晰可见，因此也被称为"玻璃海"。岛上还有梦幻海滩、恶魔的眼泪、红树林等很多著名的景点，非常有特色。

上最奢华的地方，如乌鲁瓦图寺、金巴兰、库塔、努沙杜瓦就在这里。

### 乌鲁瓦图寺

乌鲁瓦图寺是一座建立在悬崖峭壁上的寺院，是巴厘岛 6 大著名寺庙之一，也是最壮观、最上镜的一座，它位于险峻的乌鲁瓦图断崖上，这里的夕照美景相当有名，很多游客专程来一睹真容。

### 最美的沙滩

巴厘岛南部相继分布着金巴兰、库塔和努沙杜瓦等海滩，这里的海水湛蓝清澈，海滩沙细滩阔，空气清新自然，是巴厘岛最美的沙滩和海滨浴场。其中金巴兰海滩的日落最为知名；库塔海滩号称是巴厘岛上最美的海岸，是个冲浪的好地方；努沙杜瓦海滩是富人度假区，也是巴厘岛三大海滩中游客最少、最清静的海滩。

### 最好的潜水地

帕尼达岛与蓝梦岛附近的海域海水清澈，细沙洁净，因为是离岛，没有太多人打扰，非常幽

静和舒适，是巴厘岛最好的潜水地。在巴厘岛的众多潜点中，图兰奔、帕尼达岛、八丹拜是其中最著名的。图兰奔这里有一艘第二次世界大战期间的沉船"自由"号，离岸边只有 40 米的距离，最浅处的船尾部分不过 3 米深，是一个漂亮的沉船潜点；帕尼达岛则可以看到翻车鱼；八丹拜的海水能见度达 20 米以上，可以看到海马、蓝点鲼、叶子鱼和火焰章鱼等。

**［金巴兰海滩落日］**

金巴兰海滩位于巴厘岛机场南部，海滩狭长，以其壮观的海上日落美景而闻名，被评为全球最美的十大日落之一。

**［象穴］**

巴厘岛象穴始建于公元 11 世纪，象穴内祭祀印度教的幸运之神，是游客必游之地。

### 乌布

巴厘岛中部以乌布为中心，这里是巴厘岛的中心地带。乌布有一座建于 16 世纪的王宫，面积虽小，但古旧、沉稳，内部就像个花园，还有一些凉亭式建筑和雕像，充满了巴厘岛风情。这里如今还住着国王和王后，以及许多王族后裔，乌布王

**[乌布王宫]**

据说几百年前,巴厘岛上曾有8个王国,乌布被包围在其中,由于乌布国王广结善缘,后来别的王国都消失了,乌布却留存了下来,仍然沿袭着国王制。这里的国王只是身份的象征,并非真正意义上的国王,游客还可以和国王合影。

**[巴杜尔活火山]**

巴杜尔活火山位于巴厘岛中部北边的京打马尼火山地区,是印度尼西亚少有的避暑纳凉胜地。

**[王宫很窄的门]**

巴厘岛不仅王宫的门很窄,普通百姓家的门也很窄。传说以前山里有妖怪吃人,但是妖怪很死心眼,不会翻墙,只会走大门,所以人们就把门做得很窄,妖怪就进不来了。

宫内有60多间房,如果能出得起昂贵的费用,这里也是可以住的,可体验一下王宫的生活。

除了乌布之外,中部地区还分布着石雕村巴土布兰、银器村苏鲁村,还有油画村、蜡染村等各种特色村落。

# 安达曼海的明珠

# 普吉岛

这里有宽阔金黄的沙滩、细腻无瑕的沙粒、碧如翡翠的海水，作为安达曼海上的一颗明珠，普吉岛几乎美到无可挑剔。

普吉岛位于印度洋安达曼海东南部，是泰国境内唯一受封为省级地位的岛屿，距离曼谷 867 千米，是一座由北向南延伸的狭长岛屿，面积与新加坡相近，岛上主要的地形是绵亘的山丘，到处都是绿树成荫，最高峰为十二藤峰，海拔 529 米，平地主要位于中部和南部。它是泰国主要的旅游胜地，被誉为"安达曼海的明珠"。

### 普吉岛曾经的原住民，矮小的游牧族

普吉岛地处热带，属潮湿的热带气候，常夏无冬。早在公元前 1 世纪，普吉岛上就有人居住，曾经被矮小但勇敢的海上游牧族所占据，他们没有任何文字，也没有任何宗教信仰，被称为"Chao Nam"或"海上的吉卜赛人"。这些矮小的海上游牧族能建造小而坚硬的船只，常年在普吉岛沿海采集贝类或干脆劫掠过往船只，被世人认为是极为原始和野蛮的一族。

约 16 世纪时，泰国古代阿瑜陀

普吉岛的原意是"山丘"，诚如其名，普吉岛面积的 70% 为山丘地形。

**[九世泰皇登基纪念灯塔]**

九世泰皇登基纪念灯塔矗立于普吉岛的离岛神仙半岛的最高点，这里的地势突出，三面环海，场景十分开阔。

据相关报道，这些原始矮人部族直到 19 世纪中叶还生活在普吉岛中心地带的茂密丛林里，但最终由于大批的开采者来普吉岛开采锡矿，他们才彻底迁移。

[ 卡伦海滩 ]

根据普吉岛上的洞穴中发现的稻米样本研究推测，普吉岛的文明可能会被追溯到公元前6800年。

[ 卡伦海滩观景台 ]

卡伦海滩有一处观景台，可以从山上俯瞰下面的芭东、卡伦、卡塔三大海滩。

耶王国崛起，统治势力北达兰那泰王国，南至马来半岛的六坤，东面曾扩张到老挝的琅勃拉邦，西抵丹那沙林，普吉岛也被并入阿瑜陀耶王国。18世纪末期（1767年），阿瑜陀耶王国被缅甸灭亡。

### 芭东海滩

普吉岛拥有众多海滩，大部分美丽的海滩位于岛的西侧，如海岸线弯而细长、水清沙细、适合冲浪的卡伦海滩；海水清澈、北部有珊瑚礁相伴、适合潜水的卡塔海滩；而芭东海滩的景色在普吉岛所有的海滩中具有压倒性优势。

芭东海滩全长3千米，这里沙滩平缓，海浪柔和，不仅有完美的海滩美景，而且有丰富的娱乐、度假项目和热闹的夜市，海滩周边每个拐角都能找到卡巴莱歌舞表演和震耳欲聋的夜店，到处弥漫着享乐主义，芭东海滩是普吉岛的"罪恶之城"，是普吉岛开发最早、发展最成熟的海滩之一。

### 普吉镇

普吉镇位于普吉岛的东部，又称普吉老

街，离海边有点远，不过从各个海滩均有班车到达普吉镇，这里是个省会城市，聚集着政府办公楼，是普吉岛的历史文化中心。

　　普吉岛在500多年前是一个锡矿基地，吸引了各国商人到此，而普吉镇早期是一个由锡矿工人聚居而形成的村落。18世纪后，大批华人涌入这里挖矿并定居，如今普吉镇中还能发现历史悠久的中式骑楼，甚至还能看到烟雾缭绕的中国道观。19世纪末这里成为一座城市，20世纪初是锡矿开采的巅峰时期。后来普吉岛的锡矿资源越来越少，开始没落，普吉镇又转向橡胶行业，然后借助海岛优势大力发展旅游业，如今岛上居民从事的工作大多与旅游业相关。

　　探索普吉镇的最好方式就是在老城区中漫步，这里每个转角一砖一瓦的裂纹都满载着历史。整个古镇除了中式建筑之外，还有大量西方殖民时期

**[ 呈 "W" 形的卡塔海滩 ]**

卡塔海滩位于芭东海滩和卡伦海滩的南面，拥有两个美丽的海湾，呈"W"形，被当地人昵称为大卡塔和小卡塔。

**[ 芭东海滩 ]**

芭东海滩上各种水上活动一应俱全，有水上拖伞、橡皮艇、帆船、冲浪、摩托艇等，美中不足的是芭东海滩游客较多，很吵闹，不如其他海滩的水质好。

**[ 芭东佛寺 ]**

芭东海滩上的芭东佛寺是普吉岛上历史最悠久的一座佛寺，寺内供奉着一尊半藏于地下、风格奇异的佛像。相传缅甸入侵普吉岛时曾经想搬走这尊佛像，恰好有一群黄蜂聚集在佛像周围，迫使缅甸人放弃挖掘，因而得以保存至今。

[ 普吉镇里的葡萄牙风格建筑 ]

的建筑和多元化的老建筑，向游客展示着历史情调。

### 普吉岛离岛各有美丽

除了本岛的古镇和海滩之外，普吉岛还下辖有 39 座离岛，每一座岛屿都有精致绝美的景色，其中有名的离岛有珊瑚岛、皇帝岛和皮皮岛。

珊瑚岛因丰富的珊瑚群生态而得名，位于普吉岛最南边 9 千米处，在小岛的周围环绕着各种色彩缤纷的珊瑚礁，这里是泰国国家一级珊瑚保护区，优质的珊瑚可以和马尔代夫的相媲美。这里是各种水上运动的最佳地点。

皇帝岛曾经是泰国王室的专属度假岛屿，带给游客一种"世外桃源"般的体验。

皮皮岛由大皮皮岛和小皮皮岛组成。在大皮皮岛和小皮皮岛之间有两个非常漂亮的海湾，一个叫罗达拉木湾，一个叫通赛湾，两个海湾之间往返只要步行 10 分钟，景色相当优美。

[ 查龙寺 ]

查龙寺是普吉岛上 29 间隐修院中最宏伟、最大的佛教寺院，寺内的佛堂供奉着 108 尊金佛，让人印象深刻。

[ 普吉镇街头涂鸦 ]

整个小镇很安静，几乎在所有能看到的完整墙壁上都有创意绘画，这里甚至可以叫作壁画小镇。

# 由小岛点缀的美景

# 兰塔岛

这是一座"养在深闺人未识"的海岛，如果你想体验泰国风情，又不想太过喧闹，兰塔岛就是你的不二之选。

兰塔岛坐落在安达曼海西海岸，在普吉岛和甲米岛南面，由52座岛屿组成，其中小兰塔岛和大兰塔岛是最大的两座岛屿，其周围环绕着珊瑚礁，大兰塔岛更是大部分美丽的海滩以及旅游景点的所在地。

### 南北高度差500米

兰塔岛的地形奇特，向南北方向延伸了27千米，横穿岛屿的是遍布原始热带雨林的山脉，山脉北部和南部的高度差有500米，有多条徒步路线。除此之外，兰塔岛以其长长的海滩、安静的要塞以及水上和水下的自然美景而闻名，它是海滩爱好者和水肺潜水爱好者的天堂。

[兰塔镇海边风景]

兰塔镇是岛上最热闹的地方，只有一条商业步行街和一个有着很长一段栈桥的码头。传闻老镇很早之前住的是福建华侨，所以老镇街道的建筑多多少少带有中国古风的味道，看上去甚至让人觉得和中国的农村很像。

兰塔岛上游客很少，几乎都是欧美人，物价低，很安静，非常适合度假。

[兰塔岛海滩]

兰塔岛海滩的细沙下全是坚硬的岩石。

[潜水天堂]

离兰塔主岛不远的离岛哈岛（HAA岛）是兰塔岛最佳的潜水点之一。

## 由北向南，从繁华到寂静

兰塔岛由北向南，给人一种从繁华到寂静的感觉，北部码头比较繁华，越往南走越寂静。兰塔岛南部是著名的穆兰塔国家公园，该公园内有山，也有海滩，自然环境得天独厚，生活着各种野生小动物，行走在公园内，几乎每个人都能有幸看到科莫多巨蜥和令人讨厌的猴子。

兰塔岛是一座相对小众和清静的岛屿，岛上游客较少、景点分散、物价便宜，整座岛屿除了北边码头、兰塔老镇比较热闹外，其他地方都比较清静。相比热闹的皮皮岛和普吉岛，这里简直就是一个隐世秘境，是喜欢安静的人的避世天堂。

[穆兰塔国家公园内的灯塔]

穆兰塔国家公园内最吸引人的当属那一片顶级沙滩，沙滩边有一座废弃的灯塔，是很有名的网红打卡点。

[科莫多巨蜥]

科莫多巨蜥又名科莫多龙，是与恐龙同时代的史前怪兽，也是已知现存种类中最大的蜥蜴。已濒临灭绝，野外仅存3000只左右。

# 极地篇

# 北极圈里的绝美海岛

# 罗弗敦群岛

这里远离喧嚣，人迹罕至，位处极地的它有一种冰冷、沉静的气质，《孤独星球》杂志曾这样评价它："这个地方美到令人窒息。"

**[ 罗弗敦群岛的标志 ]**

罗弗敦群岛的标志以这里最重要的元素：人、鱼、船为主，这种标志在罗弗敦群岛随处可见。

罗弗敦群岛位于挪威的北部，位于北极圈内，这里气候严寒，风景如画，人烟稀少，每年只有6—8月最热闹，白天气温平均20℃，岛上一片翠绿，其他月份都可叫作冬季。

### 罗弗敦之墙

罗弗敦群岛由上古的冰川雕琢形成，大大小小的岛屿从水中垂直突立，隆起高达1000多米、奇形怪状的尖角屏障，岛峰由花岗岩和火山岸构

骑自行车、骑马、划独木舟、潜水、攀岩、徒步等活动在罗弗敦群岛都相当盛行。

**[ 露营营地指示牌 ]**

岛上人烟稀少，每天只有几趟定时定点的公交车，推荐出行方式为租车或自驾。

成，南北排列长达 160 千米，散落在汹涌湍急的挪威海中，从远处看上去好像连在了一起，因此当地人称它为"罗弗敦之墙"。这种壮观的地貌几乎可与阿尔卑斯山脉的旷野相媲美。

### 最美海湾

罗弗敦群岛共有 5 座主岛，其中比较大的 4 座岛屿——维根岛、西沃格岛、弗拉克斯塔岛、莫斯克内斯岛之间都有桥梁相连，就像是一条链子将它们紧紧联系在一起，成为"罗弗敦之墙"的重要组成部分，构成了一道天然屏障。虽然罗弗敦群岛地处北极圈，但因隔断了北冰洋风浪，受到北大西洋暖流的影响，这里的气温并不太低，使罗弗敦群岛的海湾像天池一样清澈、透明、平缓、湛蓝。

### 色彩丰富的宁静渔村

罗弗敦群岛上的居民从古至今一直依赖渔业生存，岛上有远近闻名、形形色色的小渔村。每年 2—4 月，

罗弗敦群岛南部的莫斯克内斯镇下辖奥村、莫斯克内斯、雷讷……罗弗敦群岛的大部分美景都出自雷讷。所有的村庄位于岛的东侧海岸，西侧曾经有人居住，但是由于风暴，20 世纪 50 年代最后一个居住地被废弃。

"罗弗敦"在挪威语中是"山猫脚"的意思，同时也暗指其邻海拔地而起的一列险峻的岛屿——"罗弗敦之墙"。

罗佛敦群岛位于北极圈内，5 月底到 7 月初可追逐永不歇息的太阳。

[岛屿之间都有桥梁相连]

[ 红色的小灯塔 ]

红色的小灯塔位于罗弗敦群岛南部，莫斯克内斯镇的奥村（A 村），这是罗弗敦群岛的网红打卡地之一。

[ 小碉堡 ]

这个小碉堡是第二次世界大战时德军建造的雷达站，是罗弗敦群岛为数不多的历史遗迹。

[ 鳕鱼 ]

罗弗敦群岛四周海域盛产鳕鱼、鲱鱼。每年的冬季（2—4月）鳕鱼群由巴伦支海南下，游动约 800 千米，浩浩荡荡地抵达这里，从古至今，每当鳕鱼群到达，便是当地渔民的节日。

[ 海边棚屋 ]

海边棚屋最早可追溯到 12 世纪初，当时的丹麦国王命人在群岛沿岸修建渔屋，让远道而来的渔民有栖身之所。

当渔汛开始时，罗弗敦群岛的渔民会在海湾中饲养三文鱼，这也是他们最重要的经济来源。

罗弗敦群岛岸边有建于 19 世纪的小棚屋，这是渔民存放渔具和临时居住的地方。渔民将木桩打入石缝中，在木桩上搭建小棚屋，这样的小棚屋一排排的沿海而建，如今被装修成了游客度假的居所。红色的棚屋，白色的窗棂，青顶或长满了青草的屋顶，远处带有积雪的青山，近处绿色的小草，岸上的彩色木屋，还有阳光下波光

粼粼的蓝色港湾，让一切变得绚丽多彩，是当地有名的风景。

### 北极光专程来看你

罗弗敦群岛上有北极圈内最绚丽的北极光，绝对不能错过。极光是南、北极地区特有的一种大气发光现象，往往可遇不可及，必须要等它自己出现，无法寻找到。但是在罗弗敦群岛则不同，这里北极光出现的概率极高，在逛街、吃饭、跑步或半夜醒来时，在你身边都有可能出现绿色的北极光，就好像它们是专程出来看你一样。

[北极光]

北极光非常绚烂美丽，而伴随北极光发生的是一种很神秘的声音。

罗弗敦群岛的生态环境保护得很好，城市里都有天鹅湖，小松鼠、小鹿常会闯入庭院。

每年9月到次年4月，在罗佛敦群岛可邂逅瞬息万变的北极光。

极光产生的条件有3个：大气、磁场、高能带电粒子，三者缺一不可。

[罗弗敦群岛白沙滩]

罗弗敦群岛有众多海湾，海湾中的沙滩为岩砾或白色细沙，白沙滩多由珊瑚、贝类等破碎化的产物构成，主要成分是碳酸钙等，这里的沙滩很安静，几乎没人下水游泳，即便是最暖和的6—8月，这里的海水也会有点微凉。

# 世界的尽头

# 火地岛

　　这是世界上有人居住的最南端地区，也是离南极最近的群岛，是寒带生物的乐土，也是"世界的尽头"。

[火地岛美景]

　　1832年，达尔文来到火地岛，试图寻找生物进化论的论据。达尔文在这里进行了长达4年的科学考察，为了纪念他，火地岛南部的一座2000米的山峰被命名为"达尔文山"。

　　火地岛位于南美大陆最南端，隔着麦哲伦海峡与南美大陆相望，除了主岛之外，附近还有数座较小的"迷你岛"以及数以千计的岩礁。火地岛很大，东西最长450千米，南北最长250千米，呈三角形，北部宽，南部窄，地势西南高、东北低，是南美洲最大的岛屿，其最南端就是有名的合恩角。这里有山有沙，有湖有海，有冰川、森林、飞禽，还有海兽。

### 一岛被两国分割

这里一直是雅马纳人和阿拉卡卢夫人等南美印第安族群的居住地，由于地理上的隔绝，这些印第安人几千年来一直过着极其原始朴素的生活。1520 年 10 月，航海家麦哲伦来到这里，发现了一个海峡，后来命名为麦哲伦海峡。夜里，麦哲伦看到周围岛上的原住民燃起的堆堆篝火，遂将此岛命名为"火地岛"。火地岛被发现后，欧洲殖民者并没有大规模移民和开发，直到1880年，火地岛的牧羊业兴起，加上在岛上发现了金矿，智利和阿根廷两国才开始往火地岛移民。第二年，两国达成一致，岛屿东部归阿根廷，西部归智利。

[ 两国国界 ]

一座锈迹斑斑的三角铁塔就是两国的边界线，右侧属于智利，左侧是阿根廷。

　　智利在火地岛北部发现了石油，并进行了开采，通过输油管线输送到智利本土。

[ 火地岛上的麦哲伦雕像 ]

[ 波韦尼尔城武器广场中央的雕塑 ]

该雕塑上面刻画着火地岛原始部落信奉的太阳与放牧的高原羊，背后刻画着火地岛一家以放牧为生的原住民。

[ 火地岛博物馆内的雕塑 ]

该雕塑是火地岛原住民曾经的装扮，他们把整个身体藏在奇怪的斗篷下，让人好奇而不解，如今原住民已经消亡，或许没有人能揭开这个秘密了。

[ 火地岛上的小房子 ]

火地岛上的人口非常少，在公路上至少要行走几千米才能遇到一两间这样的房子。

[ 乌斯怀亚 ]

## 波韦尼尔

　　智利在火地岛上所占的面积约占岛屿面积的 2/3，首府是波韦尼尔，这座城市很小，顶多算个小镇。波韦尼尔和乌斯怀亚一样，城市主要的街道建立在被绿植覆盖的山坡之上，街道上多为规模不大的百货商店、旅馆、饭店和酒吧等，这些店铺主要服务每年来自世界各地的豪华游艇和帆船上的游客。市内还有博物馆、机场和港口等。

　　乌斯怀亚市博物馆里有火地岛早期人类生活时所用的各种器具。

[ 世界最南端的邮局 ]

这个简陋的小棚子便是世界最南端的邮局，这里出售明信片、邮票，还可以盖纪念章。这里只有一个工作人员，估计也是世界上最不靠谱的工作人员，因为有很多不确定因素，导致工作人员不上班。

[ 火地岛企鹅 ]

火地岛的企鹅种类很多，但是都傻傻的，一点都不畏惧人类，甚至会主动来到你的身边，等你用手抚摸它的脑袋。

233 <<<

Rocke
1829

Construcció
Robert Stephense

[世界尽头的火车站]

世界尽头的火车站位于火地岛南部，距离乌斯怀亚8千米。这是一条60厘米宽的窄轨铁路，修建于1829年，当年将流放到此的囚徒拉进森林伐木，火车站为运输木材而建。现在小火车装修一新，辟为观光列车。

[世界最南端的灯塔]

该灯塔建于1920年，是这里的一座标志性建筑。

## 乌斯怀亚

阿根廷占的面积约占火地岛面积的1/3，首府是乌斯怀亚，其知名度相对更高，它是世界上最靠近南极的人类城市，距离南极洲只有800千米，被誉为"世界的尽头"。

乌斯怀亚的总人口约为3万人，城市并不大，却拥有很多世界之最，如世界最南的城市；世界最南端的灯塔——乌斯怀亚灯塔；世界最南端的人类陆路交通站——乌斯怀亚3号公路的终点；世界最南端的邮局——"世界尽头邮局"。

大多数前往南极大陆探险的科学考察船都以乌斯怀亚作为补给基地和出发点，这里不仅是世界最南端的人类居住地，同时也是人类通往南极的跳板。

火地岛有着"天涯海角""世界的尽头""南极门户"之称，有美丽的极地风光，雪峰、湖泊、山脉、森林，每一处都有着独特的气质。

[乌斯怀亚]

这里依山傍水，北靠白雪盖顶的安第斯山脉，面对连接两大洋的比格尔海峡。依缓坡而建、色调不同的各种建筑坐落在波光粼粼的比格尔水道和青山白雪之间，郁郁葱葱的山坡和巍峨洁白的雪山交相辉映，让这里的景致美不胜收。